프랑스 1940

Campaign 3 : France 1940

First published in Great Britain in 1990, by Osprey Publishing Ltd.,
Midland House, West Way, Botley, Oxford, OX2 0PH.

KODEF 안보총서 93

프랑스 1940

제2차 세계대전 최초의 대규모 전격전

앨런 셰퍼드 지음 | 김홍래 옮김 | 한국국방안보포럼 감수

| 감수의 글 |

제2차 세계대전에서 히틀러가 유럽을 석권하는 과정에서 가장 이해하기 어려운 점 중의 하나는, 바로 프랑스가 독일의 단 한 번의 작전에 의해 너무나도 허무하게 무너졌다는 것이다. 이 책에서 보여주는 독일의 '낫질(Sichelschnitt) 작전'으로 프랑스의 방어선은 허무하게 무너졌고, 그 이후 불과 한 달 만에 프랑스는 항복하게 된다. 사실 독일과 프랑스의 전력을 비교할 때, 프랑스 육군의 규모나 무장은 새롭게 재무장한 독일 육군에 비해 분명히 우위에 있었다. 프랑스는 병력과 편제의 규모나 전차 및 야포의 수 등 대부분의 면에서 독일보다 우위에 있었다(전차 3,000:2,400, 야포 11,200:7,700). 더욱이 프랑스는 전통적으로 유럽에서 강력한 육군을 보유한 국가로서 역사에서 큰 족적을 남겨왔기에 장기간 무장해제를 당했다가 재건된 지 얼마 안 되는 독일 육군에게 맥없이 무너졌다는 사실이 의아하기까지 하다. 이 책은 그 원인과 결과를 설명해줌으로써 이런 의문점을 간결하면서도 명확하게 풀어주고 있다.

당시 프랑스는 정치적으로 매우 분열된 상태였다. 그리고 국민과 정치가들은 제1차 세계대전의 참혹한 피해를 경험하면서 전쟁을 두려워하고 끝까지 전쟁을 피하려고 했었다. 본질적으로 유럽을 제패하려는 히틀러의 의도와 목표를 무시하고 전쟁을 피하기 위해 지속적인 협상을 통해 양보를 거듭했던 영국과 프랑스의 외교는, 히틀러의 야망을 달래거나 잠재우지 못하고 오히려 독일에게 더 큰 야심을 품게 하고 재무장을 할 수 있는 시간과 자원을 허락하는 결과를 가져왔다. 이것은 너무나도 큰 전략적 실수였다. 이것은 "전쟁은 전쟁을 준비하는 자를 피해가고, 전쟁을 두려워하는 자에게 달려든다"는 격언이 정확히 적용된 사례라고 할 수 있다. 이에 비해 독일은 매우 짧은 시간에 독일군을 재건하여 무장시켰을 뿐만 아니라, 젊은이들에게 자신감과 함께 새로운 나라에 대한 비전을 심어주어 매우 공격적이고 기동력을 갖춘 새로운 육군을 만드는 데 성공했다.

프랑스 장군들은 기술의 발전 흐름과 새로운 전략개념을 이해하는 데 등한시했다. 그들은 과거 제1차 세계대전 때 독일의 집요한 공격을 막아냈던 참호와 요새를 이용한 방어전에 지나치게 의존했고, 이런 생각은 마지노선으로 분명하게 구체화되었다. 엄청난 예산이 투입된 이 무용지물은 결과적으로 프랑스군의 무장이나 훈련에 들어가야 할 자원을 허비하게 함으로써 프랑스가 전쟁에서 패배하는 데 결정적인 역할을 하게 된다. 예를 들면, 프랑스군은 전차를 배치하면서 결정적으로 필요한 무전기를 예산 부족으로 설치하지 못했다. 또한 프랑스 공군의 전력은 시대에 뒤떨어진 구형을 포함해도 독일의 3분의 1 정도에 불과했다. 반면, 독일은 기술의 발전 흐름을 정확히 이해하고 이 흐름에 맞춰 군을 새롭게 육성했다. 그 핵심은 바로 공군과 기계화부대였다. 독일 공군은 유일하게 프랑스에 비해 우월한 전력을 갖춘 군이었다(항공기수 3,000여 대:1,200여 대). 더욱 결정적인 것은 새로운 육군인 기계화부대를 편성하고 운용하는 데 있어서 독일이 그들의 무기에 맞는 새로운 전술교리를 개발하여 집단 운용한 것과는 달리, 프랑스는 독일보다 월등한 전차 전력을 갖추고 있었음에도 불구하고 과거 개념에 매여 분산 운용함으로써 독일의 기계화부대의 집중공격을 막아낼 방법이 없었다는 것이다. 변화의 흐름을 읽고 적응하지 못하면 도태된다는 진리는 동식물에게든, 기업에게든, 국가에게든 변함없이 적용된다.

또 하나 중요한 사실은 프랑스는 독일의 선전전에 의해서도 패배를 당할 수밖에 있었다는 점이다. 괴벨스가 주도한 독일의 선전전은 매우 교묘하고 집요해서, 1939년에 독일이 폴란드를 침공함으로써 프랑스와 독일 사이에도 전쟁이 선포된 상황인데도 독-프 전선에서 프랑스군은 독일군에 대해 그다지 긴장감을 느끼지 못하고 있었다. 그 중 한 예로, 독일은 "프랑스 병사는 고작 일당 50상팀밖에 못 받는데 영국 병사들은 하루에 17프랑이나 받는 이유는 무엇인가? 프랑스를 전쟁에 끌어들인 자가 바로 영국인데, 그들은 고작 10개 사단밖에 보내지 않았다!(당시 프랑스는 대 독일 전선에 100개 사단 정도 배치했다)"고 선전하여 동맹군 간의 이간을 꾀했다. 전반적으로 프랑스군의 사기가 독일군에 비해 매우 낮고 전쟁 의지가 약했던 것은, 대부분 독일의 선전전의 결과였다.

마지막으로 이 프랑스 전투에서 독일과 맞서 싸운 국가는 프랑스, 영국, 네덜란드, 벨기에 4개국이었다. 그러나 이들 동맹국들은 제대로 된 공조가 이루어지지 않았다. 전쟁 전반에 걸쳐 4개국은 따로 놀았고, 특히 마지막 국면에서 영-프 양국군 간의 공조 미비는 충분히 반격 가능한 기회를 여러 번 놓치게 만들었다. 이런 공조의 미비는 프랑스 공군과 육군 사이에서도 나타났다. 주요한 작전계획이 공군에게는 제때에 전달되지 않아, 많은 반격 작전이 공군의 지원이 없는 가운데 이루어졌다. 따라서 모든 반격은 실패할 수밖에 없었다.

이런 독일-프랑스 전쟁의 교훈은 현재 우리나라의 상황과 오버랩되면서 우리에게 시사하는 바가 크다. 이 책을 읽으면서 당시 프랑스와 현재 우리나라의 모습이 너무나도 비슷한 면이 많아서 몸서리쳐질 정도로 아찔해지곤 했다. 정치적 분열, 전쟁에 대한 두려움과 끝없는 양보, 불바다 위협과 "그럼 전쟁을 하자는 거냐"는 정치인들의 막말들, 선전전에 온 나라가 놀아나는 상황, 동맹국과의 사이를 이간질하고 역사상 가장 긴밀한 공조체제를 무너뜨리려는 시도, 북한의 비대칭 전력에 대한 무방비 상태인 군 전력 구조 등 헤아릴 수 없는 많은 부분이 닮아 있다.

또 우리가 프랑스 전투에서 교훈으로 삼아야 할 것은, 프랑스 육군 최고사령관이었던 가믈랭 장군의 어처구니없는 결정이다. 월등한 전력을 가진 독일 공군의 보복공격을 두려워한 가믈랭 장군은 침공하는 독일군 집결지에 대한 연합군 공군의 공습을 불허하고 공군의 활동을 '요격과 정찰'에만 국한시켰다. 이런 비겁하고 어리석은 결정은 프랑스군의 엄청난 피를 흘리게 했고, 결국 패배를 가져왔다. 이런 모습이 우리나라에서도 재현되지 않기를 바란다. 이 책을 통해 패배한 자의 교훈을 통해 같은 패배를 겪지 않을 수 있는 지혜를 우리나라의 많은 이들이 얻게 되기를 간절히 소망한다.

_ 한국국방안보포럼(KODEF)

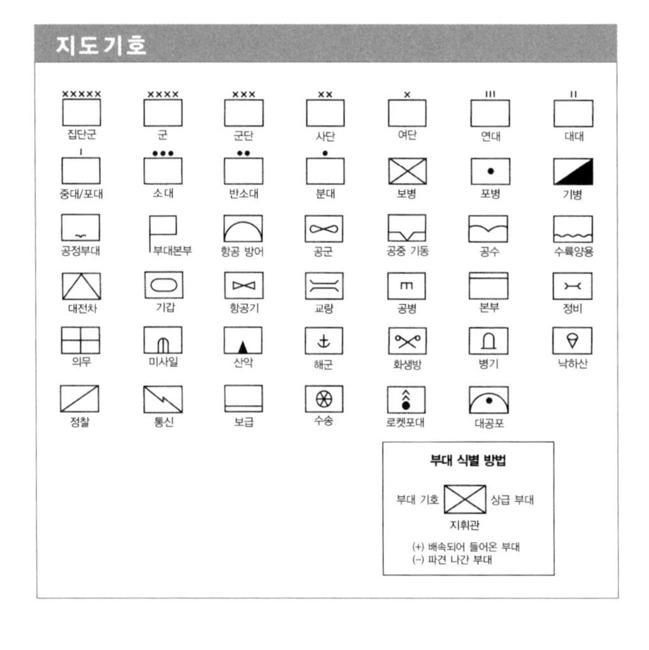

지도기호
집단군
군
군단
사단
여단
연대
대대
중대/포대
소대
반소대
분대
보병
포병
기병
공정부대
부대본부
항공 방어
공군
공중 기동
공수
수륙양용
대전차
기갑
항공기
교량
공병
본부
정비
의무
미사일
산악
해군
화생방
병기
낙하산
정찰
통신
보급
수송
로켓포대
대공포
부대 식별 방법
부대 기호
상급 부대
지휘관
(+) 배속되어 들어온 부대
(–) 파견 나간 부대

| 차 례 |

프랑스 전투의 배경

프랑스 전투는 그 작전계획이 유례를 찾아보기 힘들 정도로 독창적이라는 측면에서 20세기 대표적인 전투 가운데 하나로 평가받고 있다. 이 전투에서 거의 모든 행운은 공격자에게 돌아갔다. 유럽의 가장 위대한 육군(아직도 많은 사람들이 그렇게 생각하고 있다)은 숙적에 대항해 전격적 공격을 펼치도록 잘 훈련된 독일군에게 불과 며칠 만에 붕괴되고 말았다.

이 시기에 프랑스는 과연 어떠했는가? 정치적으로 분열된 프랑스는 전쟁에 휘말리는 것을 두려워하고 있었다. 불과 20년 전에 엄청난 피해를 입은 기억이 오늘 일처럼 생생했기 때문이다. 게다가 프랑스의 장성들은 1918년의 성공을 되돌아보면서 방어에 의존하는 손쉬운 전략을 택했고, 그 결과 소위 마지노선을 구축했다. 하지만 전체 프랑스 전선에서 요새가 구축된 지역은 절반에 불과했다. 이것을 완벽하게 구축하는 데는 천문학적인 비용이 들기 때문이었다. 전차를 비롯한 각종 중장비 사업은 책정된 예산이 너무 적었기

프랑스 대통령 알베르 르브룅이 영국 의장병을 사열하고 있다.

영국 국왕 조지 6세가 영국 원정군을 시찰하고 있다. 왼쪽에서부터 조지 6세 영국 국왕, 프랑스 대통령 르브룅, 프랑스 수상 달라디에, 원정군 사령관 고트 장군.

때문에, 무기 제작사들에게는 투자에 비해 이윤이 적은 사업이었다. 또한 프랑스 공군의 전력은 너무나도 약해서 거의 무용지물에 가까운 비행기도 상당수 보유하고 있었고, 차선책에 만족하는 경향을 보이기도 했다.

아돌프 히틀러

한편, 히틀러는 독일 젊은이의 자존심을 회복시켜주었다. 그는 단기전을 신봉했기 때문에 자신의 부대를 단기전에 맞게 개조하기 위해, 젊은 병사들에게 공격적인 돌파 전술을 훈련시키고 완벽한 기동력을 갖춘 부대에 최고의 병사를 배치했다. 그 결과 새로운 종류의 육군을 창조하는 데 성공했고, 더 나아가 스페인 내전 기간 동안 병력과 무기를 검증할 수 있었다.

이 책에서는 프랑스 전투 중에서 1940년 5월의 며칠 동안을 집중적으로 다룰 것이다. 이 기간에 독일 전차사단은 프랑스를 가르듯 헤치고 나아가 서쪽으로 선회하여 해안에 도달했다. 이 시점에서 프랑스는 완전히 패배했다. 군대는 둘로 분리되었고, 연합군은 포위당했으며, 작전계획은 완전히 좌절되었다. 그 후로도 휴전협정이 조인되기까지 17일을 더 끌었지만 이때 프랑스 전투는 사실상 끝난 것이나 다름없었다. 용감하게 싸웠음에도 불구하고 프랑스군은 가차 없이 소탕되었다. 파리가 독일군에게 함락되고 프랑스 영토의 대부분은 승자의 지배 하에 들어갔다.

양측 지휘관

| 프랑스 지휘관 |

모리스 가믈랭(Maurice Gamelin)은 프랑스 방어를 책임진 참모총장이었고, 전쟁시에는 프랑스 지상군 최고사령관이었다. 1914년에는 조프르(Joffre : 제1차 세계대전 때 프랑스군 총사령관—옮긴이)의 작전참모였고, 1916년에는 프랑스 육군에서 가장 젊고 능력 있는 사단장이 되었다. 하지만 전쟁이 시작될 무렵에 나이가 예순여덟에 이르렀고 희미하게 수도사적인 기질까지 보였다. 그는 키가 작았고 꽉 끼는 튜닉과 깔끔한 승마바지를 입고 긴 부츠를 즐겨 신었다.

본부는 뱅센(Vincennes)에 있었고, 이곳에서 그는 소규모 참모진과 함께 근무했다. 이곳은 무선통신 시설조차 갖추고 있지 않아 외부와는 완전히 단절된 세계였다. 그는 항상 정치가들을 고려했고 1918년 군사교리를 굳건하게 고수하는 '완벽한 군인'이라는 수식어가 따라다녔다. 인텔리였던 그는 자신의 부대와 그가 불편함을 느끼는 사람들과는 가급적 접촉을 삼가며 지냈다.

실제로 수상이었던 폴 레노(Paul Reynaud)는 그에 대해 이렇게 말했다. "그는 완벽한 경찰국장이나 주교가 될 수 있을지는 모르지만, 지휘자로는 부적절하다."

폴 레노는 성공한 변호사로 예순둘의 나이에 수상이 되었다. 말쑥한 외모에 민활하고 왜소한 인물로, 용기와 날카로운 지성을 겸비해 종종 '작은 싸움닭'으로 묘사되곤 했다. 레노는 개인적인 삶과 더 나아가 공직 생활의 대부분에서 그의 정부인 엘렌 드 포르트(Hélène de Portes) 백작부인의 조정을 당했다. 그녀는 오만하고 욕심이 많아서 이익이 되는 일이라면 무엇이든 손을 댔다.

북동전선을 담당한 부대의 지휘관은 조르주(Georges)였다. 그는 오로지 자신의 직업적 능력만으로 고급 지휘관의 자리에까지 오른 인물이었다. 그는 많은 사람들로부터 프랑스 최고의 군인으로 인정을 받았다. 하지만 총사령관

왼쪽에 서 있는 사람은 프랑스 7군 사령관 지로드 장군이고, 매킨토시 코트를 입고 오른쪽에 서 있는 사람은 영국 육군 장성 고트 경이다.

아이언사이드 장군의 예방과 프랑스군 사열. 왼쪽에서부터 가믈랭 장군, 조르주 장군, 고트 경.

인 가믈랭과 자주 충돌하여 그와는 거의 대화도 나누지 않았다.

제1집단군은 마지노선의 북쪽 끝에서 해안을 향해 뻗어 있는 전선을 담당한 부대로, 빌로트(Billotte) 장군이 집단군 사령관을 맡았다. 그의 예하에는 영국 원정군을 포함한 5개 군이 있었다. 우리는 앞으로 이들을 집중적으로 다룰 것이다. 이들 군은 각각 다음과 같다. 욍치제르(Huntziger) 장군의 2군과 코라프(Corap) 장군의 9군, 블랑샤르(Blanchard) 장군의 1군으로, 이들은 각각 2개 혹은 3개 군단과 몇 개 기병대를 보유하고 있었다. 군단은 정규군(R)과 요새수비대(F)로 나뉘고, 동원부대는 'A' 급과 'B' 급으로 나뉜다. 구타르(Goutard) 대령의 말에 따르면, 정규군과 'A' 급으로 분류된 부대는 "전반적으로 우수한 상태"였지만, 'B' 급 부대는 이에 비해 "수준이 너무 떨어져서 추가 훈련 없이는 전역에 참여할 수 없는 상태"였다.

| **독일군 지휘관** |

독일 측에서는 육군 원수 하인리히 폰 브라우히치(Heinrich von Brauchitsch)가 육군 참모총장이었는데, 그는 대단히 뛰어난 지능의 소유자였다. 하지만 조용하고 상당히 예민했던 그는, 군인으로서는 훌륭했지만 히틀러에게는 용감히 맞서지 못했다.

육군 최고사령관 폰 브라우히치와 함께 있는 히틀러.

독일군에서 우리가 관심을 가져야 할 부대는 A집단군과 B집단군 일부로, A집단군은 폰 룬트슈테트(von Rundstedt) 장군이, B집단군은 폰 보크(von Bock) 장군이 지휘했다. 폰 룬트슈테트는 당시 예순넷으로 현역에서 은퇴했다가 집단군 지휘관으로 복귀해 폴란드 전역에 참가했다. 그는 A집단군 사령관으로서 벨기에 아르덴(Ardennes) 숲을 마주보는 전선을 담당했다. 그의 참모장인 폰 만슈타인(von Manstein) 장군은 룬트슈테트보다 열두 살이나 어렸지만, 상당히 외향적이고 지휘관으로서도 많은 존경을 받았다.

기갑부대의 주요 지휘관은 폴란드 전역에 참가한 사람들 중에서 특별히 선발했는데, 히틀러가 결정했을 가능성이 높다. 퇴역한 에발트 폰 클라이스트(Ewald von Kleist) 장군이 전차 집단의 지휘관으로 다시 현역에 투입되었다. 폰 클라이스트는 전형적인 기병장교로 약간은 구식이고 보수적이었다.

우리는 그의 전차군단 속에서 전차전에 대한 폭넓은 지식과 경험을 갖춘 인물을 발견하게 된다. 그가 바로 하인츠 구데리안(Heinz Guderian) 장군이

카이텔 장군

독일 A집단군 사령관 폰 룬트슈테트 장군

다. 그는 제1차 세계대전 때 통신병과에 있었고, 1916년에는 베르됭(Verdun)에 있는 황태자의 사령부에서 정보장교로 근무했다. 그 뒤 당시 중령이었던 폰 브라우히치를 도와 기갑부대와 공군의 합동작전을 지휘하는 임무를 수행했다. 여기서 얻은 경험을 바탕으로 그는 군대 역사와 전술을 강의했고, 곧바로 모의 전차와 대전차포를 장비한 대대의 지휘관이 되었다. 당시 독일군에게 허용되었던 것은 모의 전차와 대전차포가 전부였다.

1934년 영국은 호바트(Hobart) 장군의 지휘 아래 전차를 사용하는 실험을 하고 있었고, 구데리안은 자비를 들여 영국에서 발행되는 모든 문헌들을 번역하여 기갑전술의 최신 교리를 파악하고 있었다. 그의 저서 『경계! 전

기갑집단 사령관 폰 클라이스트 장군

19기갑군단 사령관 구데리안 장군

차!(Achtung! Panzer!)』는 공군의 지원을 받는 기갑부대의 돌파에 대해 그가 얼마나 이론적으로 해박한지를 잘 드러내고 있다. "자체 보병과 강력한 대전차포, 자체 대공포를 갖춘 부대, 중포병의 강력한 포격이 아닌 기습에 의해 전선을 돌파하는 부대는 모두 기동력을 갖춰야 한다. 심지어는 대포조차 무한궤도 위에 올라타고 자력으로 이동이 가능해야 한다." 그러나 이런 이론을 설명한 그의 저서가 영국과 프랑스에서는 완전히 무시당했다. 1935년에 그는 2기갑사단 사단장이 되었고, 1940년에는 19기갑군단을 지휘했다.

이 시점에서 기갑사단을 지휘한 또 한 명의 장군, 에르빈 롬멜(Erwin Rommel)을 언급하지 않을 수 없다. 1940년에 48세였던 그는 제1차 세계대전의 생존자이기도 했다. 그는 제일선 지휘관으로서 강력한 활동가로 명성이 높았다. 1917년 카포레토(Caporetto)에서 여명에 이탈리아 전선을 뚫고 들어가 50시간 만에 이탈리아군 장교 151명과 병사 9,000명을 포로로 잡고 포 81문을 노획하는 전과를 올리고 복귀했다. 이 전공으로 그는 대위로 진급했고, 동시에 프러시아 최고의 무공훈장(The Orden Pour le Mérite)을 받았다. 1935년에는 중령으로 포츠담 전쟁대학의 교관이 되었으며, 1938년에 대령이 되고 나서 비너-노이슈타트(Wiener-Neustadt)의 전쟁대학 학교장으로 임명되었다. 같은 해 보병전술에 관한 책을 출판했고 수데텐란트(Sudetenland) 합병이 추진되던 기간에는 히틀러 경호대대를 지휘했다. 다음 해 소장으로 진급하여 폴란드 전역 기간 동안 다시 한 번 히틀러의 신변 안전을 책임지는 임무를 수행했다. 1940년 2월, 기갑사단으로 전환된 경사단의 지휘를 맡게 되었으며, 3개월 뒤 자신의 사단과 함께 전투에 참가했다.

양측 부대

| 참여 부대 |

마지노선 서쪽 끝은 마르귀(Margut) 북쪽의 라 페르테(la Ferté)이다. 이 지점의 서쪽은 프랑스 북동전선 관할지역으로, 1940년 5월 독일군은 이곳을 집중적으로 공격했다. 프랑스군은 이 전선에 94개 사단을 배치했는데, 부대의 질은 그야말로 천차만별이었다. 추가로 벨기에군 22개 사단, 영국군 10개 사단(이들 중 일부는 완전편제를 갖추지 못했다), 네덜란드군 10개 사단이 참가함으로써, 모두 136개 사단이 이 전선에 참가했다. 히틀러는 전체 157개 사단 중 136개 사단을 동원할 수 있었고, 이들 중 약 3분의 1은 정예사단이었다.

연합군은 전차를 3,000대 보유하고 있었고, 독일군은 경전차와 중전차를 모두 포함해 약 2,400대를 웃도는 전차를 보유하고 있었다(여기에서 인원수송 차량이나 장갑차는 제외했다). 프랑스군은 신형 33톤 'B' 전차와 고속 20톤 '소뮈아(Somua)' 전차를 보유하고 있었다. 'B' 전차는 회전식 포탑에 47밀리미

호치키스 H-35전차로 구식 37밀리미터 전차포를 장비했다. 파괴된 전차를 독일군이 점검하고 있다.

'소뮈아' 전차는 중량 20톤의 고속전차로 고속 47밀리미터 전차포를 장착하고 있다.

프랑스의 르노 R-35전차는 여전히 37밀리미터 포를 장착하고 있다.

터 포 1문과 차체에 75밀리미터 포 1문을 장비했고, '소뮈아' 전차는 고속 47밀리미터 포를 장비했다. 이 두 전차는 총 800대로 독일의 3호 전차와 4호 전차를 합친 수보다 많았다. 또 다른 유형의 프랑스 전차로는 R35(르노)와 H35(호치키스)가 있었는데, 둘 다 구식 37밀리미터 포를 장비하고 있었다. 이 포는 1940년 당시 전차의 장갑에 아무런 효과가 없었다.

또 다른 특정 요인이 프랑스 전차의 행동개시에 영향을 미쳤다. 첫 번째는 프랑스 전차 가운데 약 5분의 4가 무전기를 보유하지 않았다는 점이다. 이것은 대단히 심각한 약점으로 작용했다. 두 번째는 프랑스 전차 승무원의 훈련 상태나 전술교리가 독일 전차병에 비해 형편없이 뒤떨어졌다는 점이다. 이 두 번째 요인은 첫 번째 요인보다 더 중요하게 작용했다. 상황을 더욱 악화시킨 것은 약 1,500~1,700대 가량의 프랑스 전차가 여러 보병사단들에 분산 배치되었다는 사실이다. 기병사단이나 DLM(Division Légére Mécanique, 경기계

1전차연대 1대대 소속 르노 R-35전차.(테리 해들러의 삽화)

10기갑사단 7전차연대 소속 2호 전차 B형.(테리 해들러의 삽화)

독일 2호 전차와 더불어, 1호 전차 또한 기갑사단에서 핵심적인 역할을 수행했다. 사진의 전차는 7.92밀리미터 기관총을 장비한 1호 전차 B형이다.

화사단)에 배치된 전차는 700대 내지 800대에 불과했고, 나머지 전차들은 1940년 새로 편성된 3개 기갑사단에 배치되었다. 이렇게 각 사단이 보유한 전차 수는 독일 기갑사단이 보유한 전차 수의 절반 정도에 불과했다.

한편, 독일군의 2호 전차는 20밀리미터 캐논을 장비했고 기갑사단 전력의 절반 정도를 차지했는데, 당시 1호 전차와 2호 전차가 1,400대 이상 배치되어 있었다. 나머지 전차들 중 37밀리미터 포를 장착한 중형 3호 전차가 349대, 저속 75밀리미터 포를 장착한 24톤 4호 전차가 278대였다.

대전차포의 경우 프랑스는 우수한 47밀리미터 포를 가지고 있었지만, 실전에 배치된 것은 그리 많지 않았고, 이 포를 1문이라도 지급받은 사단은 불과 16개에 불과했다. 대포는 개조한 트랙터로 운반했다. 그리고 탄약은 트럭으로 운반했는데, 이 트럭은 거친 산악지대를 통과할 수 없었다. 25밀리미터 대전차포는 무거워서 말이 끌어야 했고, 이것 역시 공급이 부족했다. 전쟁이 발발하기 전까지 대전차지뢰는 단 하나도 주문되지 않았으며, 프랑스 전투가 시작될 무렵에야 막 생산되기 시작했다.

포병만큼은 프랑스가 독일에 비해 월등했다. 프랑스군은 다양한 구경의 포 1만 1,200문을 보유한 반면, 독일군은 대포 7,700문을 보유하고 있었다. 하지만 양국 모두 대포를 옮기는 데 말을 사용했고, 독일 기갑사단만이 전차와 보조를 맞추기 위해 자주포를 사용했다.

대공포에서는 프랑스와 독일이 커다란 격차를 보였다. 프랑스군은 90밀리미터 구경의 중대공포를 불과 17문만 보유하고 있었다. 경대공포의 경우는 육군 22개 사단이 20밀리미터 대공포를 12문씩 보유하고 있었고, 13개 사단이 신형 25밀리미터 대공포를 각각 6문씩 보유하고 있었다. 나머지 대공포는 75밀리미터 대공포로 제작 연도가 1918년까지 거슬러 올라갔다. 하지만 독일은 강력한 88밀리미터 대공포를 2,600문 보유하고 있었으며, 게다가 소구경 대공포 6,700문을 기갑사단과 보병사단에 배치했다.

| 공군 |

독일군이 압도적인 우세를 보인 부분이 바로 공군이다. 프랑스군의 총 항공기 수는 약 1,200대로, 여기에는 영국에서 출격하는 폭격기까지 포함해서 영

오른쪽에 있는 것은 영국의 페어리 배틀(Fairey Battle) 폭격기이고, 왼쪽에 있는 것은 프랑스의 모랑(Morane) 전투기다.

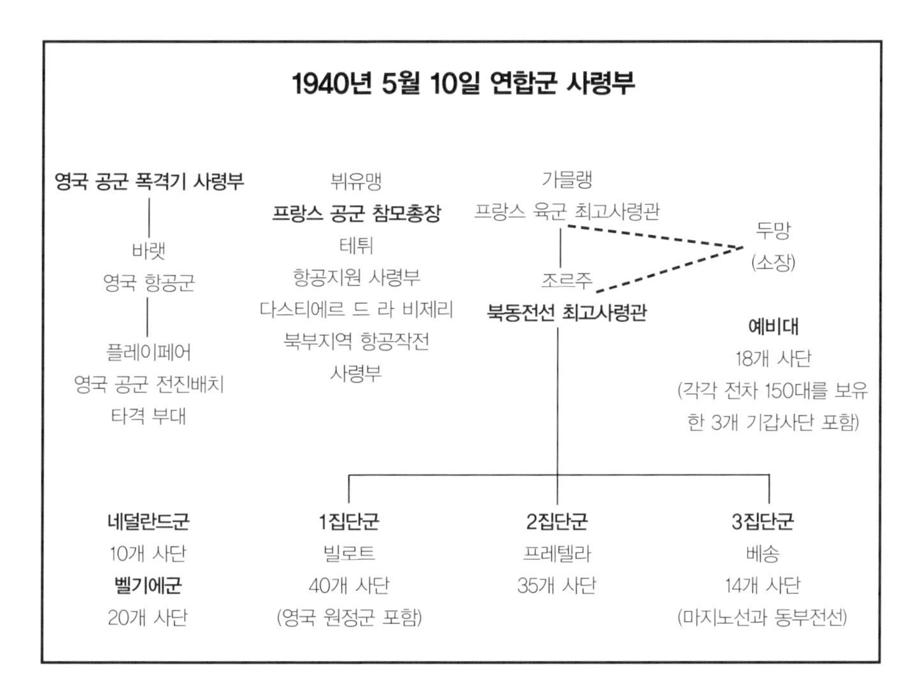

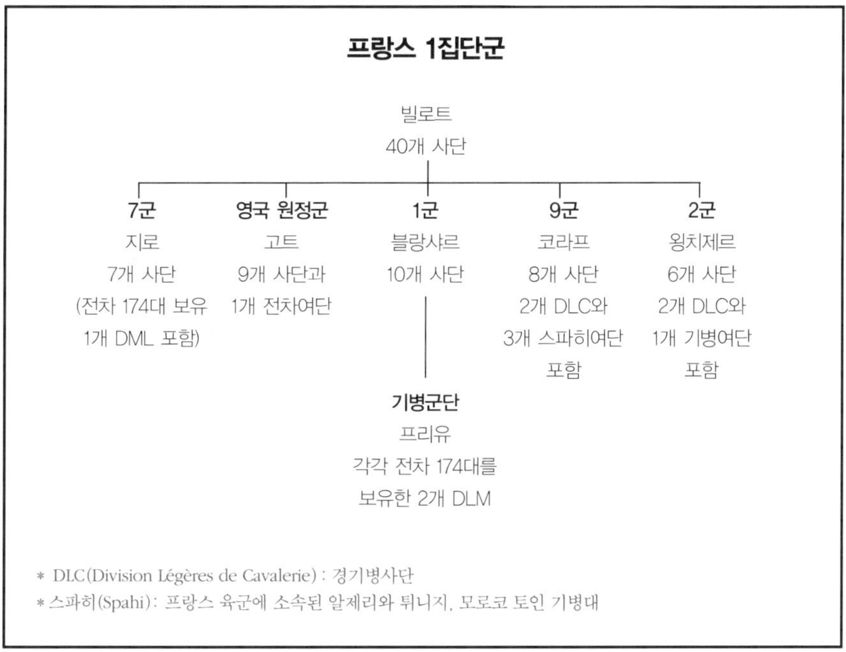

* DLC(Division Légères de Cavalerie) : 경기병사단
* 스파히(Spahi) : 프랑스 육군에 소속된 알제리와 튀니지, 모로코 토인 기병대

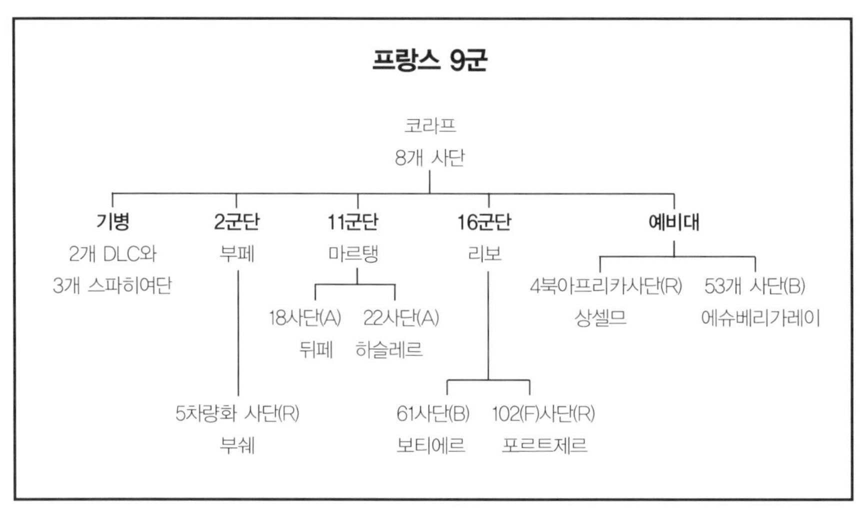

국군 항공기 600대가 포함되어 있다. 이에 비해 독일의 괴링(Goering)은 3,000~3,500대의 항공기를 배치할 수 있었다(여기에는 Ju-52수송기의 수는 포함되지 않았다). 표준 수송기를 보유하지 못한 프랑스 공군은 기동력에 심각한 문제가 생겼다. 또한 폭격기의 수도 고작 150~175대에 불과했고, 무전기를 장비한 폭격기는 거의 없었다. 전투기의 경우, 모란 406(Morane 406)은 독일의 Me 109보다 속도가 80km/h 느렸고, 대부분 무전기도 없었다. 또한 모란 전투기의 수도 얼마 되지 않아 블로크(Bloch)와 성능이 현저하게 처지는

<위> 1940년 초 27전투비행단 2비행대대 소속 메서슈미트 Bf 109E-1.(테리 해들러의 삽화)
<아래> 독일 융커스 Ju 87 급강하폭격기 또는 '슈투카'. 폭탄은 보이지 않는데, 보통 양 날개와 동체 밑에 장착한다. 복좌형 폭격기로 목표물을 향해 급강하할 때 날카로운 굉음을 낸다.

드와틴(Dewoitine)을 비롯해 몇몇 대형 기체—포테즈 63(Potez 63)—로 구색을 맞췄다. 영국 공군은 프랑스에 허리케인(Hurricane) 전투기 약 130대를 배치했다.

독일군의 주력 폭격기는 Ju 88로 최대 속도는 470km/h였고, 주력 전투기는 Me 109로 최대 속도가 685km/h, 전투체공시간은 1시간이었다. 프랑스가 급강하폭격기 50대를 보유한 데 반해, 독일은 Ju 87 슈투카(Stuka) 급강하폭격기 342대를 일선에 배치할 수 있었다. 이 항공기는 1935년 시제기가 등장해 그 해 가을에 채택되었다. 단발엔진과 고정식 착륙장치를 장착한 복좌형 폭격기로 기관총 3정과 250킬로그램의 폭탄을 탑재했다. 최대 속도가 314km/h이고 행동 반경이 160킬로미터이며, 폭탄을 정확하게 목표물에 투하할 수 있는 성능을 가지고 있었다. 대공사격에는 취약했기 때문에 사이렌을 장착해 급강하시에 사이렌이 울리게 함으로써 지상에서 공격을 당하는 병사들이 공포를 느끼게 만들었다. 이 비행기가 주요 자산이 될 수 있었던 이유는 전선 후방에 있는 어떤 목표물도 공격할 수 있는 '기동 포대'의 역할을 수행했고 그 파괴 효과가 엄청났기 때문이다.

정찰기에 관한 한, 프랑스와 독일은 균형을 이루고 있었지만, Ju 52 수송기에 해당하는 프랑스 기체는 존재하지 않았다. 이에 반해 독일군은 이것을 이용해 신속하게 진격하는 전차와 항공기에 탄약과 연료를 비롯해 기타 긴급 물자를 공수해줄 수 있었다. 무엇보다도 독일 공군은 스페인과 포르투갈 내전에 참전함으로써 전투를 경험할 수 있는 황금 같은 기회를 가졌고, 여기서 많은 경험을 쌓았다.

| 사기 |

1939년 전쟁이 선포되었을 때, 프랑스는 마지못해 전쟁에 참여했다. 그들은 제1차 세계대전 이래로 전쟁을 두려워했다. 프랑스 모든 가정에 깊은 상처를 남겼을 정도로 엄청났던 인명손실은 결코 잊혀지지 않았다. 동원령이 선포되

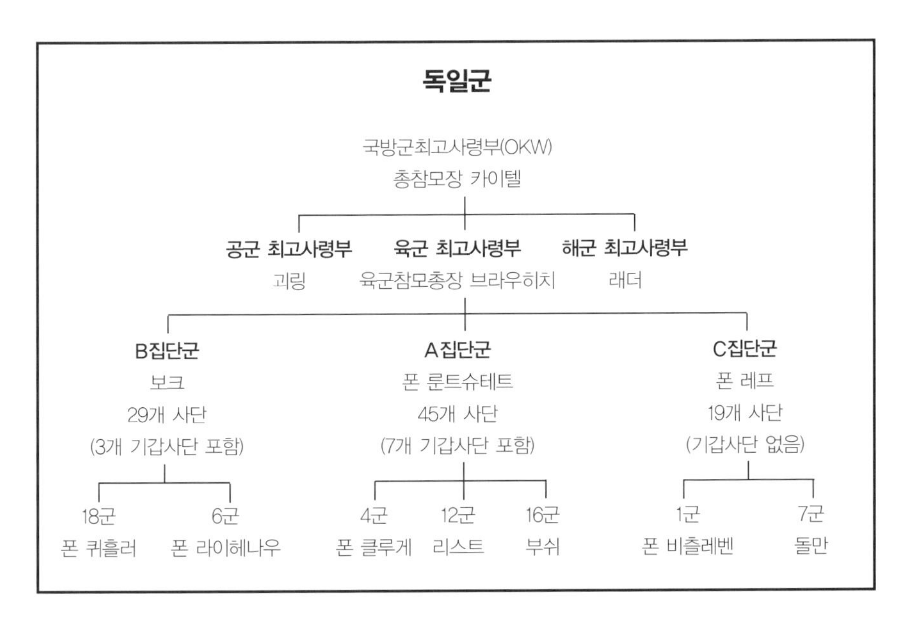

독일군
국방군최고사령부(OKW)
총참모장 카이텔
공군 최고사령부
괴링
육군 최고사령부
육군참모총장 브라우히치
해군 최고사령부
래더
B집단군
보크
29개 사단
(3개 기갑사단 포함)
A집단군
폰 룬트슈테트
45개 사단
(7개 기갑사단 포함)
C집단군
폰 레프
19개 사단
(기갑사단 없음)
18군
폰 퀴흘러
6군
폰 라이헤나우
4군
폰 클루게
12군
리스트
16군
부쉬
1군
폰 비츨레벤
7군
돌만

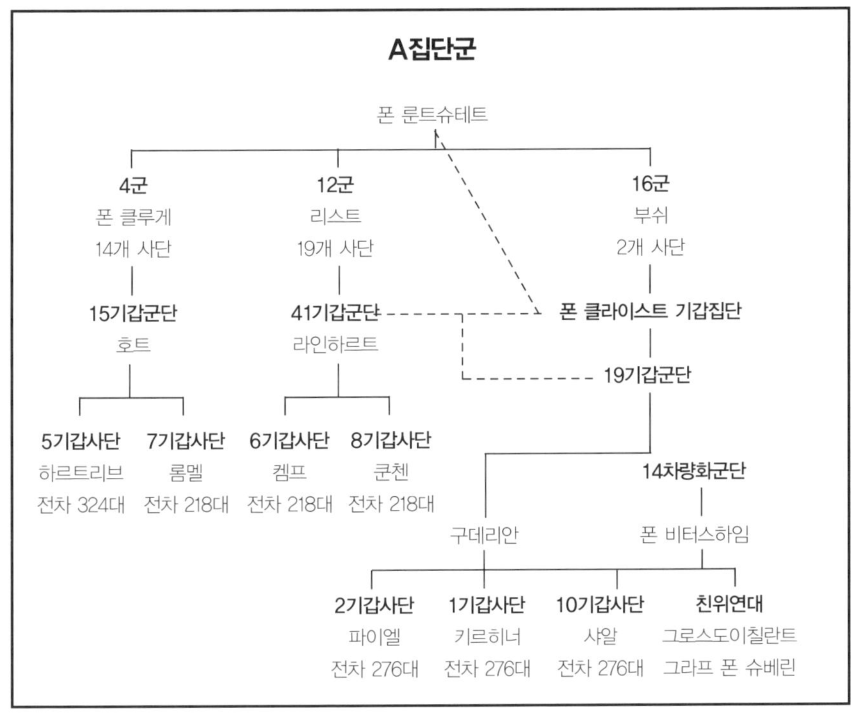

A집단군
폰 룬트슈테트
4군
폰 클루게
14개 사단
12군
리스트
19개 사단
16군
부쉬
2개 사단
15기갑군단
호트
41기갑군단
라인하르트
폰 클라이스트 기갑집단
19기갑군단
5기갑사단
하르트리브
전차 324대
7기갑사단
롬멜
전차 218대
6기갑사단
켐프
전차 218대
8기갑사단
쿤첸
전차 218대
14차량화군단
폰 비터스하임
구데리안
2기갑사단
파이엘
전차 276대
1기갑사단
키르히너
전차 276대
10기갑사단
샤알
전차 276대
친위연대
그로스도이칠란트
그라프 폰 슈베린

독일군이 중포를 발사하고 있다.

프랑스 보병.(리처드 가이거의 삽화)

었을 때 프랑스에서는 어떠한 열광적인 분위기도 느낄 수 없었는데 사실 이것은 독일과 영국에서도 마찬가지였다. 20여 년 전에 무슨 일이 벌어졌는지 기억하고 있는 사람들이 너무나 많았던 것이다. 사실 프랑스는 약체화된 육군과 전력이 뒤떨어지는 공군 때문에 곤란한 상황에 처해 있었다. 더 나아가 국가는 정치적·사회적으로 분열되어 정권이 자주 교체되는 상황이었다.

독일의 선전전은 나름대로 효과를 발휘했다. 1938년의 예를 들면, 프랑스 공군 참모총장 뷔유맹(Vuillemin)이 독일에 있는 하인켈(Heinkel) 항공사의 오라니엔부르크(Oranienburg) 공장을 방문했다. 그때 하인켈과 여러 임원들은 뷔유맹에게 강한 인상을 남기기 위해 최선을 다했다. 그들은 뷔유맹을 시험비행 중인 He 100기에 태워주면서 그 기종이 전면 양산 단계에 들어갔다는 설명을 했다. 하지만 실제로는 시제기 3대만 제작되어 있는 상태였다. 그 다음 안내받은 공장에서는 He 111기를 대량 생산하고 있었다. 그 후 뷔유맹 장군은 독일 공군에게 받은 강한 인상을 프랑스 국민에게 전달했다. 어쨌든 1939년이 되었을 때, 독일은 연간 3,000대의 항공기를 생산하는 데 반해 프랑스는 고작 600대를 생산하고 있었다.

전쟁이 시작되자, 프랑스 사람들은 "놈들을 해치우자!"라고 말했다. 하지만 10일이 지나자 의구심이 만연했고, 20일 뒤에는 '웃기는 전쟁(la drôle de guerre)'이라는 말이 나왔으며, 미국에서는 '가짜 전쟁(phoney war)'이라는

독일 기갑사단 편제표

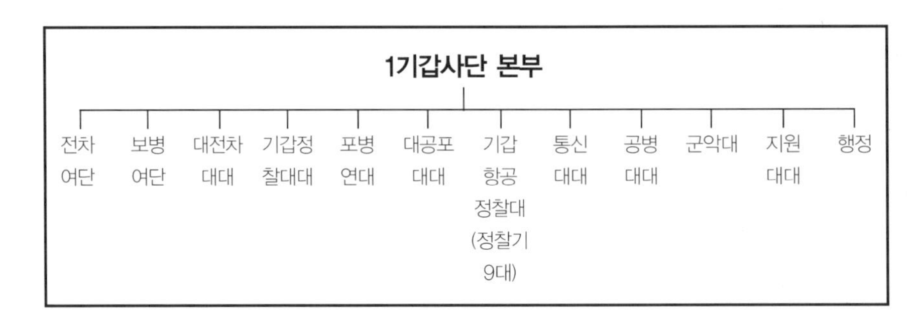
1기갑사단 본부
전차 여단
보병 여단
대전차 대대
기갑정 찰대대
포병 연대
대공포 대대
기갑 항공 정찰대 (정찰기 9대)
통신 대대
공병 대대
군악대
지원 대대
행정

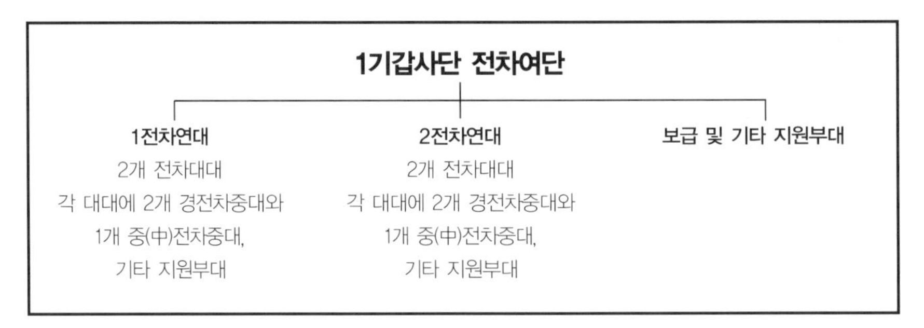
1기갑사단 전차여단
1전차연대
2개 전차대대
각 대대에 2개 경전차중대와
1개 중(中)전차중대,
기타 지원부대
2전차연대
2개 전차대대
각 대대에 2개 경전차중대와
1개 중(中)전차중대,
기타 지원부대
보급 및 기타 지원부대

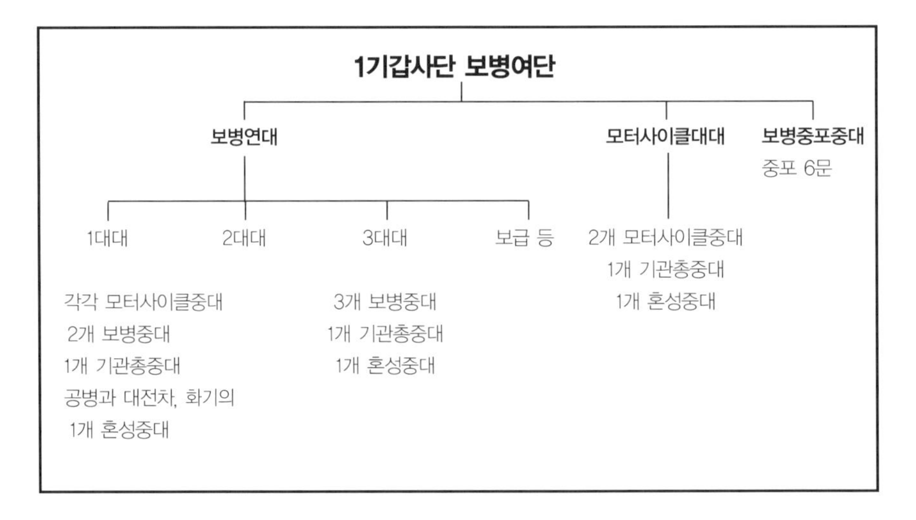
1기갑사단 보병여단
보병연대
모터사이클대대
보병중포중대
중포 6문
1대대
2대대
3대대
보급 등
2개 모터사이클중대
1개 기관총중대
1개 혼성중대
각각 모터사이클중대
2개 보병중대
1개 기관총중대
공병과 대전차, 화기의
1개 혼성중대
3개 보병중대
1개 기관총중대
1개 혼성중대

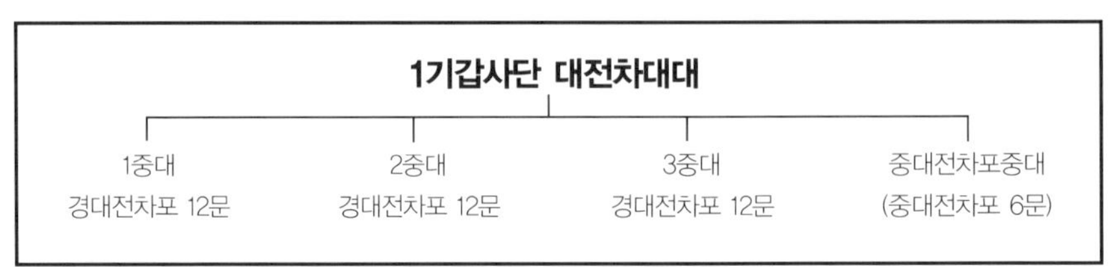
1기갑사단 대전차대대
1중대
경대전차포 12문
2중대
경대전차포 12문
3중대
경대전차포 12문
중대전차포중대
(중대전차포 6문)

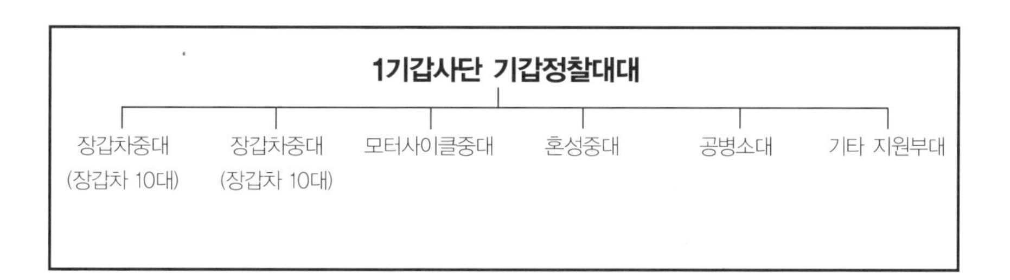
1기갑사단 기갑정찰대대
장갑차중대
(장갑차 10대)
장갑차중대
(장갑차 10대)
모터사이클중대
혼성중대
공병소대
기타 지원부대

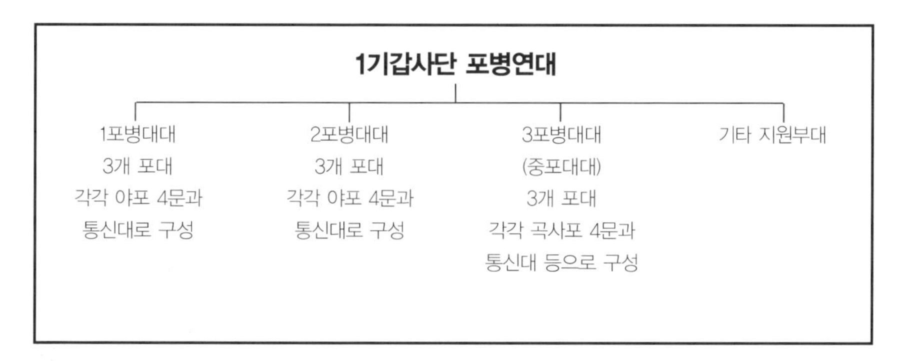
1기갑사단 포병연대
1포병대대
3개 포대
각각 야포 4문과
통신대로 구성
2포병대대
3개 포대
각각 야포 4문과
통신대로 구성
3포병대대
(중포대대)
3개 포대
각각 곡사포 4문과
통신대 등으로 구성
기타 지원부대

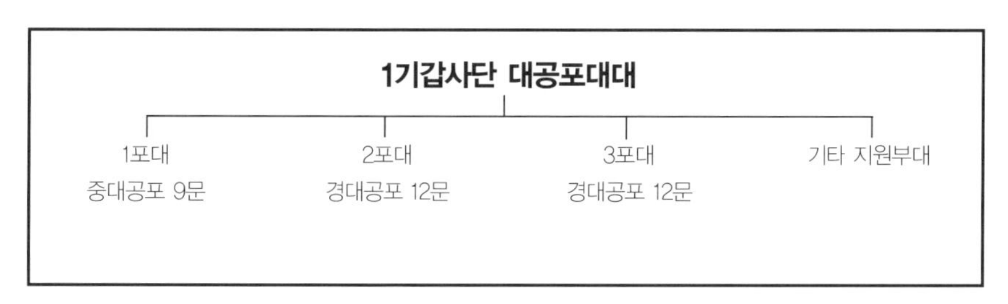
1기갑사단 대공포대대
1포대
중대공포 9문
2포대
경대공포 12문
3포대
경대공포 12문
기타 지원부대

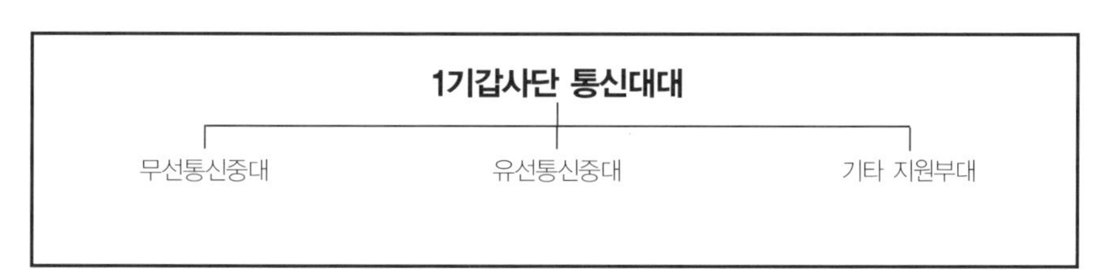
1기갑사단 통신대대
무선통신중대
유선통신중대
기타 지원부대

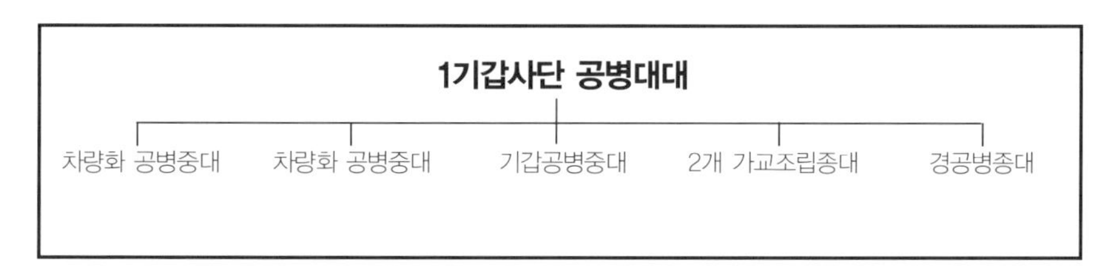
1기갑사단 공병대대
차량화 공병중대
차량화 공병중대
기갑공병중대
2개 가교조립종대
경공병종대

27전투비행단 2비행대대 비행대대장의 메서슈미트 Bf 109E-1.(테리 해들러의 삽화)

〈위〉 독일 10.5센티미터 곡사포
〈아래〉 프랑스 75밀리미터 곡사포.

말이 나올 정도였다. 길게 뻗은 전선을 따라 배치된 사단들 사이에서는 독일군이 '사악하지 않은 친구(pas méchant)'로 통하게 되었다. 이는 독일의 선전에 따른 결과였다. 일반 병사는 여러 가지 면에서 흥미를 잃을 수밖에 없었다. 예를 들어, 스당(Sedan) 전선의 2군은 숙소가 부족하여 병사들이 마구간에서 말과 함께 자야 했다. 장교들은 근무 중에 철모와 방독면, 허리띠를 착용하라는 명령을 무시하고 종종 근무모만 착용하고 상의의 단추는 풀어헤친 채 돌아다니기 일쑤였는데, 그들이 이러한 태도를 보인 것은 의도적으로 자기 부하들과 거리를 두기 위해서였다. 얼마 안 가서 군대에는 치명적인 질병이 만연하기 시작했다. 그것은 바로 권태였다. 병사들은 '프랑스식 휴가'를 떠나기 시작했다. 주말에 슬그머니 사라졌다가 어떤 때는 월요일 아침이 되어도 부대에 복귀하지 않았다.

하지만 공산당의 영향력은 더욱 심각한 상황을 초래했다. 그들은 정부의 정책에 반대했다. 독일 선전성 장관 괴벨스(Goebbels)는 이들에게서 우군을 발견했고 이들을 완벽하게 이용했다. 그 목표물 중 하나가 바로 영국이었다. "프랑스 병사가 일당을 고작 50상팀밖에 못 받는데, 영국 병사들은 일당을 17프랑이나 받는 이유는 무엇인가?", "프랑스를 전쟁에 끌어들인 나라가 바로 영국인데 그들은 고작 10개 사단밖에 보내지 않았다!" 등의 선전으로 그들을 자기 편으로 끌어들였다.

앨리스테어 혼(Alistair Horne : 영국의 저명한 역사학자—옮긴이)은 군수공장에서 일하는 공산주의자들의 사보타주를 묘사한 적이 있다. 이런 사보타주 중 하나가 파리에 있는 르노의 전차공장에서 발생했다. 어느 보고서에 따르면, 르노의 B1전차 생산에 차질이 생겼는데, 이 신형 전차는 프랑스군에게 반드시 필요한 장비였다. 보고서는 그 피해 내역을 상세하게 기록하고 있다. "…… 볼트와 너트를 비롯해 다양한 쇠뭉치들이 기어박스와 트랜스미션에 박혀 있고 …… 쇳가루와 모래가 크랭크 케이스에 채워져 있으며, 톱날이 내부에서 이리저리 굴러다니면서 오일과 연료 계통에 초기 파열을 초래하기 때문에, 엔진을 돌리고 바로 몇 시간 만에 이 부분의 파열이 생길 수 있다." 1940년 4월에 일련의 치명적인 비행사고가 발생했고, 사고 조사관들은 파르망(Farman)공장에서 그 원인을 찾아냈다. 그곳에서 출고 대기 중인 엔진을 살펴보니 연료 노즐 부분에 있는, 자기 위치를 이탈하지 않도록 고정시키는 황동 와이어가 심하게 손상되어 있었다. 그래서 비행기가 몇 시간 동안 비행을 하면 엔진의 진동에 의해 너트가 풀리게 되고 연료가 뜨거운 배기구로 흘러나와서 결국 치명적인 폭발을 일으켰던 것이다. 사고 조사관들은 현장에서 실험대 위에 놓여 있는 20개의 엔진 가운데 17개의 엔진에서 고정용 와이어를

독일 4기갑사단 소속 2호 전차 C형.(테리 해들러의 삽화)

벗겨내고 있는 젊은 공산주의자를 검거했다.

물론 독일에서도 제1차 세계대전의 경험을 잊지 않고 있는 사람들이 있었다. 그래서 전쟁이 선포되었을 때 프랑스와 마찬가지로 그리 열광하는 분위기는 아니었다. 처음부터 식량배급이 실시되어 음식 소비량이 약 75%까지 감소했지만 그렇다고 굶주리는 사람은 없었다. 게다가 8개월 동안 연합군의 공격도 없었고, 특히 노르웨이 전투가 끝난 뒤에는 모든 상황이 독일에 유리하게 전개되었기 때문에, 국민들은 조금씩 긴장을 풀기 시작했다. 젊은 층은 히틀러와 그의 성공을 맹목적으로 신뢰했다. 그러나 히틀러의 고위 장교들은 달랐다. 그들은 히틀러의 방식에 분개했고, 히틀러의 자신감에 불안을 느꼈다. 그럼에도 불구하고, 히틀러는 최상급의 전쟁기구를 창조해냈다. 독일 국가사회주의를 지지하는 사람들 가운데 제1차 세계대전의 생존자인 어느 독일인은 이렇게 말했다. "독일인 5%는 선량하다. 그리고 또 다른 5%의 악마가 존재한다. 그 나머지가 90%를 차지한다. 이들은 특별히 선하지도, 그렇다고 악하지도 않다. 다만 나치를 인정하고 그들과 함께했을 뿐이다."

양측 작전계획

프랑스의 전략

가믈랭은 제1차 세계대전의 생존자였지만, 그때 배운 교훈을 이해하지 못한 것처럼 보였다. 그의 전략은 영국과 프랑스가 적어도 독일과 군사적으로 대등해질 때까지 기다렸다가 공세를 펴는 것이었다. 그런데 이러한 조건은 1941년까지도 갖추지 못할 것처럼 보였다. 그러면 미국이 개입하게 될지도 모른다. 그 밖에 1919년 이래로 제1차 세계대전의 대학살을 다시는 반복해서는 안 되며, 가급적 전쟁은 프랑스 영토 밖에서 치른다는 모든 주요 사항은 전혀 바뀐 게 없었다. 하지만 히틀러가 기다려주지 않는다면, 그때는 어떻게 하는가? 아마도 히틀러는 국경을 넘어서 파리를 직접 공격할 것이다. 아니면 현재 중립국가인 벨기에를 통해 공격해올 것이다. 그것이 히틀러가 선택할 수 있는 최적의 전략인 것 같았다. 그러나 벨기에의 레오폴드(Leopold) 국왕은 긴급사태를 대비한 계획을 논의하는 것조차 거부했고, 네덜란드 또한 중

립적이었다.

그런데 논쟁을 하고 있는 동안 대단히 극적인 결과를 초래할 수 있는 사건이 발생했다. 1940년 1월 10일에 독일 낙하산부대 소속의 헬무트 라인베르거(Hellmuth Reinberger) 소령이 동료와 함께 소형 Me 108기를 타고 쾰른 상공을 비행하고 있었다. 그는 일급비밀문서를 2항공함대 본부에서 열리는 비밀회의에 전달하기로 되어 있었다. 그것은 네덜란드와 벨기에를 침공하기 위한 비행작전계획이었다. 그런데 기상이 갑자기 악화되는 바람에 진로를 이탈하게 되었고, 이것을 깨닫고 진로를 변경하는 순간 엔진이 꺼져버렸다. 가까스로 눈 덮인 대지에 비행기를 착륙시키고 보니, 그곳은 벨기에 영토였다. 그는 울타리 뒤에서 비밀문서를 소각하려고 했다. 하지만 두 사람은 곧바로 체포

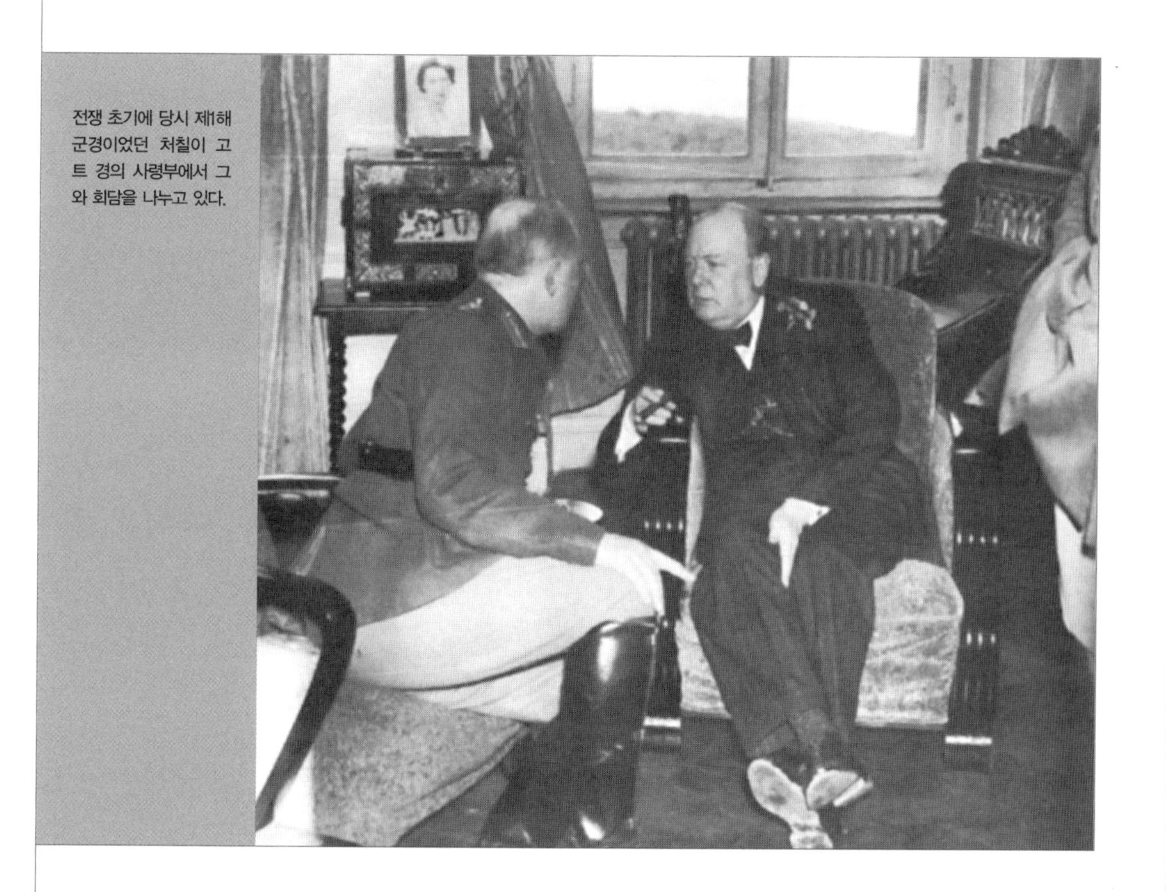

전쟁 초기에 당시 제1해군경이었던 처칠이 고트 경의 사령부에서 그와 회담을 나누고 있다.

히틀러가 작전계획을 수립하고 있다. 왼쪽에서부터 괴링, 보덴샤르츠 장군, 카이텔 장군, 히틀러, 폰 리벤트로프.

되어 벨기에군 초소로 연행되었다. 그곳에서 라인베르거는 남아 있는 문서를 난로에 던져넣으려고 시도했으나 실패하여 그날 저녁에 남은 비밀문서가 벨기에군 총사령부에 전달되었다. 그 비밀문서에는 네덜란드와 벨기에를 거쳐 프랑스 북부를 공격하려는 독일군의 계획이 담겨 있었다. 이 사건은 가믈랭에게 독일군이 1914년 슐리펜 계획(Schlieffen Plan)을 재현하려고 한다는 확신을 심어주었다. 그런데도 벨기에는 완강하게 중립을 고수했다.

3월, 가믈랭은 딜-브레다(Dyle-Breda) 작전계획을 시행에 옮겼다. 왼쪽은 지로의 강력한 7군이 맡았고, 오른쪽은 고트 경의 영국 원정군이 맡았는데, 이들은 루뱅(Louvain)과 와브르(Wavre) 사이에서 딜강으로 진격하기로 했다. 그 옆으로 블랑샤르 장군의 1군이 와브르에서 뫼즈강가에 있는 나무르(Namur)주에 이르는 장블루 간격(Gembloux Gap)을 방어했다. 코라프 장군의 9군은 전진하며 부대를 선회시켜 스당의 바로 위에서부터 뫼즈강을 따라 방어선을 구축했다. 스당에서부터는 욍치제르 장군의 2군이 롱귀(Longwy)까지 전선을 담당했는데 여기서부터 마지노선이 시작되었다. 마지막 2개 군에 속한 사단들은 2선급 부대였는데, 최고의 사단과 기갑부대의 대부분은 북쪽에서 독일군에게 반격을 가하고 네덜란드를 지원할 수 있는 위치에 배치했다. 프랑스 최고사령부는 아르덴 숲을 통과하는 접근로는 지금의 현대적인 군대에게는 '통과 불가능하다' 고 여겼다. 이 방향에서 공격이 시작된다면, 중포의 지원을 받아야 하고 이와 같은 육중한 대포들이 아르덴 숲 속에 집결하는 데는 많은 시간이 소요되므로, 이 경우 프랑스군이 증원부대를 파견할 수 있는 시간적 여유가 있다고 판단한 것이다.

독일 4기갑사단의 1호 전차 B형.(테리 해들러의 삽화)

| 독일의 전략 |

프랑스 침공을 위한 최종 계획은 여러 단계를 거쳐 발전했고, 몇몇 현대전 최고 전문가들이 제안했다. 최초 계획은 대부분 폰 만슈타인이 작성했고, 폰 룬트슈테트 원수는 그의 계획을 적극적으로 지지했다. 결국 폰 만슈타인은 히틀러에게 비밀리에 작전계획을 설명했다. 히틀러는 자신의 생각에 너무도 근접한 계획에 기뻐하며 그의 안을 채택했고, 불과 며칠 뒤에 육군최고사령부(Oberkommando des Heeres : OKH)의 참모장인 할더(Halder) 장군은 작전계획을 하달했다. 이렇게 하여 작전명 '지헬슈니트(Sichelschnitt)', 즉 '낫질' 작전이 탄생하게 된 것이다.

이 개념은 과감하고 단순하며 놀라울 정도로 새로운 기갑전 사상에 잘 맞아떨어졌다. 북쪽에서는 폰 보크 장군의 B집단군(보병 29개 사단과 몇 개 기갑사단)이 프랑스와 영국군을 그들이 공격 목표로 삼은 선까지 끌어들인 다음 거기서 격렬한 견제 작전을 펼쳐 그들이 폰 룬트슈테트의 돌파부대 측면을 공격하지 못하게 붙잡아둔다. 육군원수 폰 룬트슈테트가 지휘하는 A집단군은 리에주(Liège) 남쪽을 부대의 북쪽 경계로 삼으며 3개 군(4군, 12군, 16군)으로 구성되었고, 총 45개 사단을 보유했다. C집단군은 1군과 7군으로 구성되었으며, 룩셈부르크에서 스위스에 이르는 전선에 배치되었다. 7개 기갑사단이 폰 클라이스트 장군의 지휘 아래 집결하여 소위 '통과 불가능하다'는 아르덴 숲을 통해 진격하고 디낭(Dinant)과 스당(Sedan) 사이에서 뫼즈강을 도하한다. 하지만 뫼즈강 도하의 주력은 1기갑사단과 2기갑사단, 최정예 그로스도이칠란트 연대로 구성된 구데리안 장군의 19기갑군단과 비텐샤임 장군의 14차량화 군단이다. 그들의 북쪽에서는 6기갑사단과 8기갑사단이 몽테르메(Monthrmé)를 향해 진격하고 5기갑사단과 7기갑사단은 디낭에서 뫼즈강을 도하한다.

히틀러는 여기에 몇몇 세부적인 사항을 추가했다. 폰 퀴흘러(von Küchler)의 18군에서 강력하게 무장한 3호 전차와 4호 전차를 모두 빼내 폰 클라이스트와 폰 룬트슈테트의 부대에 배치했다. 이들 전차는 뫼즈강 제방의 벙커들을 처리하는 임무를 담당했다. 또한 확실한 '특수작전'으로 네덜란드와 벨기에의 운하를 통과하는 핵심 교량을 확보하도록 했다. 끝으로, 연합군의 예비부대를 그 지역에 묶어두기 위해 독일군이 마지노선을 향해 공격할 것이라고 프랑스군이 믿게끔 기만전술을 수행하게 했다.

한편 아이펠(Eifel) 고원지대에서는 기갑사단들이 차량과 전차를 준비하느라 분주했는데, 명령만 떨어지면 24시간 내에 이동이 가능하도록 항시 대기중이었다. 매일같이 온갖 종류의 훈련을 거듭하면서 문제점은 개선되었고, 동시에 인원과 장비가 최고 효율을 발휘할 수 있는 상태에까지 도달했다.

프랑스 전투

5월 10일

바로 전날 명령이 하달되어 5월 10일 새벽 04:30시에 선두 전차들이 룩셈부르크 국경을 넘었다. 하지만 이들이 룩셈부르크로 들어온 첫 번째 독일인들은 아니었다. 며칠 전부터 자전거와 오토바이를 탄 '여행자' 들이 국경을 넘어와 이 무렵에는 주요 도로 교차점을 차지하고 있었다. 더 북쪽에서는, 독일군 강습부대가 세관 건물 인근에 숨어 대기 중이었다.

여명이 밝아오자, 독일 22공수보병사단 소속 병사 4,000명을 실은 Ju 52 수송기가 접근하면서 프로펠러의 소리가 점점 더 커졌고, 이들은 곧 국경 상공을 통과했다. 독일 공군 폭격기 승무원들은 잠자리에서 일어나 출격 15분 전에 브리핑에 들어갔고, 동이 트자 이륙했다. 그들의 목표물은 멀고도 광범위했다. 영국 해협에 기뢰를 부설하고 네덜란드와 벨기에, 프랑스의 비행장과 더 나아가 프랑스 후방 깊은 곳에 있는 철도와 도로 연결망을 공습했다.

3발 엔진 Ju 52 수송기. 미국의 C-47 다코타(Dakota) 수송기에 해당하는 독일 수송기로, 중요한 화물 운반용 항공기이다.

영국 공군은 브로(Vraux) 인근의 콩데-쉬르-마른(Condé-sur-Marne) 비행장에서 블렌하임(Blenheim) 폭격기 6대가 파괴당했고, 12대는 손상을 입었다. 거의 50군데에 가까운 프랑스 비행장들이 공습을 당했지만, 다스티에르(d'Astier) 장군은 4대의 비행기가 파괴되고 30대가 손상을 입어 피해가 그다지 크지 않다고 보고했다.

독일 공군의 전력이 집중된 곳은 네덜란드로, 전투기는 헤이그(Hague)의 도로에 기총사격을 가했고, 폭격기는 네덜란드 공군이 집결해 있는 비행장들에 전력을 다해 폭격을 가했다. 뒤를 이어 공정사단의 낙하산병들을 투입했다. 이곳에서는 독일 공군이 모든 사람의 눈에 확실히 띌 정도로 세력을 과시했다. 하지만 도로를 가득 메우며 아이펠에서 아르덴으로 이동하는 대규모 전차부대는 항시 상공에 대기 중인 전투기의 엄호 덕분에 연합군 정찰기에 발각되지 않았다. 그 뒤로 차량화 보병들이, 다시 그 뒤에는 대규모 보급품 수송차량이 이어졌으며, 맨 뒤에는 보도로 이동하는 보병연대들이 위치했다. 이들 보병은 기갑부대가 확보한 지역을 강화하는 임무를 수행할 예정이었다. 차량과 병력의 팔랑스(phalanx: 고대 그리스 군대의 정방형 밀집 대형—옮긴이)

연합군 최고위 장교들이 영국군의 8인치 곡사포를 검열하고 있다.

독일 낙하산연대의 훈련병이 새로운 군복을 입고 사진기 앞에 섰다.

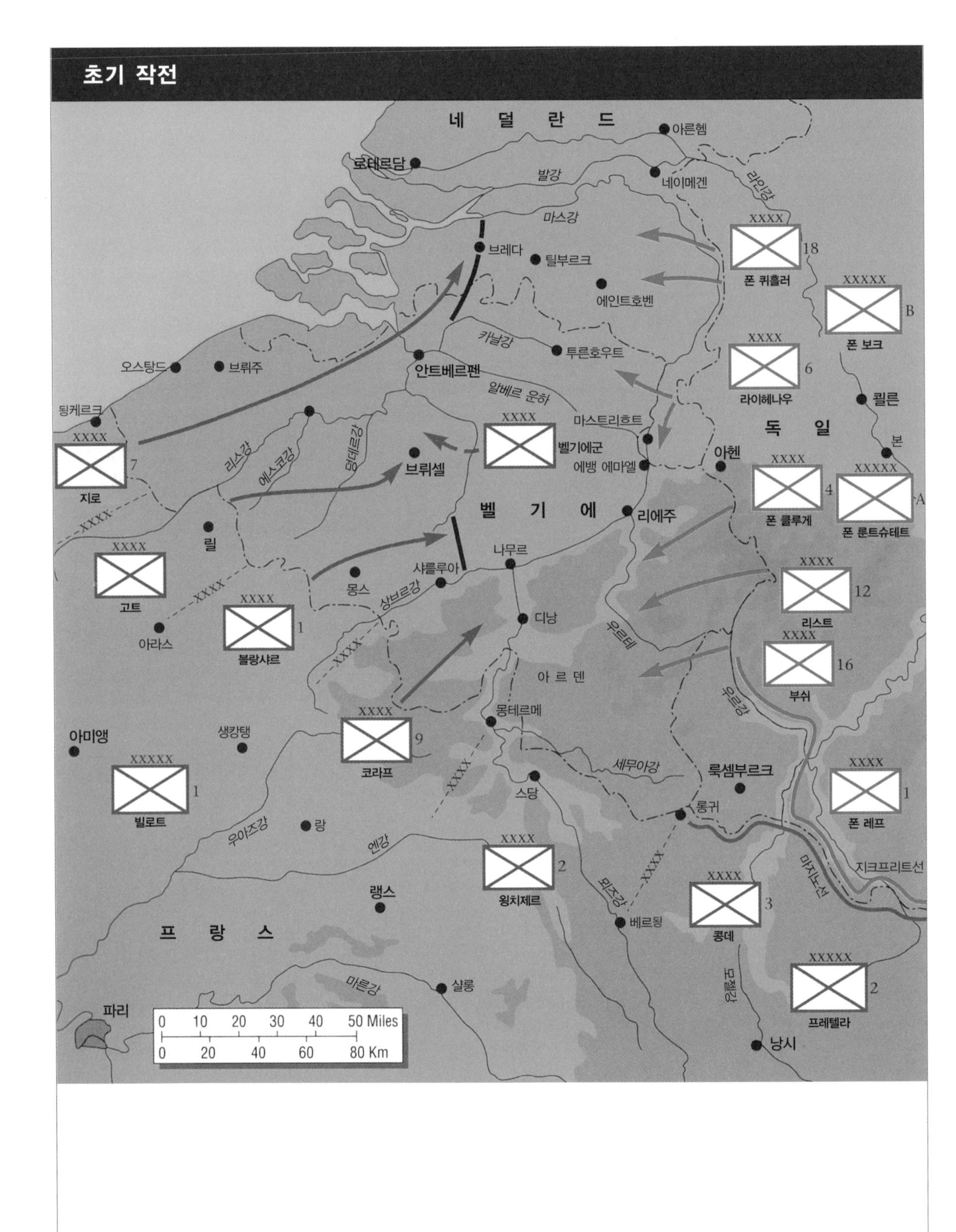
초기 작전
네 덜 란 드
아른헴
로테르담
발강
네이메겐
라인강
마스강
브레다
틸부르크
에인트호벤
18
폰 퀴흘러
B
폰 보크
카날강
투른호우트
6
라이헤나우
오스탕드
브뤼주
안트베르펜
알베르 운하
쾰른
됭케르크
마스트리흐트
독 일
7
지로
리스강
에스코강
덴데르강
브뤼셀
벨기에군
에뱅 에마엘
아헨
본
4
폰 클루게
A
폰 룬트슈테트
벨 기 에
리에주
릴
나무르
샤를루아
1
고트
몽스
상브르강
12
리스트
아라스
1
블랑샤르
디낭
우르테
16
부쉬
아 르 덴
우르강
몽테르메
아미앵
생캉탱
9
코라프
세무아강
룩셈부르크
1
빌로트
스당
롱귀
1
폰 레프
우아즈강
랑
엔강
2
왕치제르
마지노선
지크프리트선
랭스
뫼즈강
3
콩데
베르됭
프 랑 스
2
프레텔라
마른강
샬롱
모젤강
파리
낭시
0 10 20 30 40 50 Miles
0 20 40 60 80 Km

는 수백 킬로미터에 걸쳐 펼쳐져 있었다.

벨기에는 1935년, 리에주와 알베르 운하(Albert Canal)를 방어하기 위해 현대적인 요새인 에뱅 에마엘(Eben Emael) 요새를 건설하여 그곳에 대포를 빽빽하게 채우고 1개 보병대대를 주둔시켰다. 이상하게도 이 요새는 대공방어가 취약했는데, 요새 지붕에는 확실히 아무런 방어물이 없는 것 같았다. 이 요새를 무력화시키는 임무는 지원병으로 구성된 전투공병팀이 맡았는데, 그들은 비밀리에 1939년 11월부터 이를 위한 훈련을 받았다.

1918년부터 사용하기 시작한 프랑스의 중대공포.

5월 10일 새벽, 이들은 어둠을 틈타 7명 내지 8명을 실어 나르는 대형 글라이더 11대에 나눠 타고 이륙했으며, Ju 52수송기로 수송됐다. 그 중 두 글라이더 (그 중 한 대에는 지휘관인 비치히(Witzig) 중위가 탑승하고 있었다)의 예인줄이 끊어졌으나, 다른 글라이더들은 안전하게 착륙했으며, 일부는 요새의 꼭대기에 내리는 데 성공했다. 이때부터 벤첼(Wenzel) 원사의 지휘 하에 공병들은 조직적으로 포탑의 철제 지붕을 폭발시켰다. 이때 강력한 성형작약폭탄을 사용했는데, 이것은 그 폭약을 사용한 최초의 사례이다. 이 무렵 비치히 중위는 이빨 빠진 요새에 도착해 요새 수비대를 공격했고, 다음 날 폰 라이헤나우의 6군 선두부대가 도착하고 난 뒤에 그들로부터 항복을 받았다. 공격팀

메닐 근교에 위장망에 덮여 있는 프랑스 대공포

을 훈련시킨 코흐(Koch) 대위와 비치히 중위는 독일에서 서열이 높은 무공훈장 중의 하나인 기사십자장을 받았다. 한편 괴벨스의 선전기구는 '새로운 공격전술'을 한껏 선전했지만 성공의 진짜 이유를 절대 언급하지 않음으로써 연합군 사이에 수많은 소문이 떠돌게 만들었다.

프랑스에서는 5월 10일 07:00시에 가믈랭 장군이 딜-브레다 계획의 집행을 명했고, 이어서 일일작전명령을 기안했다. 그는 자신이 계획한 대로 상황이 진행되고 있다고 생각했다.

에뱅 에마엘 요새 남쪽에 있는 프랑스 9군의 지휘관은 코라프 장군이었다. 노르망디 사람인 그는 예순두 살로 군대 경력 기간 동안 대부분 북아프리카에서 복무했고 1926년에는 그곳에서 유명한 반란군 아벨-엘-크림(Abel-el-Krim)을 생포하기도 했다. 풍채가 좋았고 자기 부대원들에게 인기가 높았지만, 군사 지식은 1918년에 멈춰 있었다.

2군을 지휘한 윙치제르 장군은 절반은 브르타뉴인이고 절반은 알사스인으로, 명석한 두뇌를 가진 사람으로 알려져 있었다. 그는 제1차 세계대전 이 전부터 마다가스카르와 인도차이나에서 식민지 전쟁에 참전했었고, 제1차 세계대전에서는 대대장으로 복무했다. 그 뒤에는 시리아 주둔군에서 근무했고, 이어서 1938년 총참모본부의 일원이 되었다. 아직 예순 살도 되지 않은 데다가 젊어 보이는 외모 때문에 사람들은 그를 가믈랭의 후계자로 생각했다. 그러나 불행하게도 그 역시 가믈랭과 똑같은 결점, 즉 굳건한 선방위 개념에 대한 철통 같은 신념 때문에 그 이상의 전술은 생각해낼 수 없었다.

코라프 전선에서는 보병사단들이 뫼즈강으로 행군하는 중이었고 기병이 먼저 아르덴 숲으로 들어갔다. 그러나 보병의 행군은 순조롭지 못했다. 마르탱 장군의 11군단은 다수의 대대가 훈련 중이었고, 18사단은 디낭에 도달하기 위해 88킬로미터를 행군해야 했기 때문에, 5월 10일에 단지 2개 대대만 트럭에 태워 긴급하게 이동시켰다. 사단의 나머지 병력은 5월 14일에나 디낭에 도착할 수 있었다. 하지만 그들은 독일군이 16일까지 뫼즈강에 도달하지 못할 거라 생각했다. 그들은 뒤에 남겨둔 벙커들은 자물쇠를 채운 뒤 열쇠를 53사단에 인계했지만, 실제로는 그 사단도 남쪽으로 이동했기 때문에 벙커들은 잠긴 채 버려졌다.

욍치제르 장군의 전선에서는 2경기병사단(DLC)이 5월 10일 09:00시에 아를롱(Arlon) 북서쪽 12킬로미터 지점에서 구데리안 군단의 좌익에 있는 기갑사단과 조우했다. 이어서 혼전이 벌어졌지만, 기병들은 그날 오후 세무아(Semois)강으로 후퇴할 수밖에 없었다. 비슷한 교전이 에슈(Esch) 인근에서 벌어졌지만, 그날 저녁 프랑스군은 후퇴했다. 이들의 후퇴는 민간인 약 2만 5,000명이 프랑스 국경으로 가는 유일한 도로를 따라 피난길에 오르면서 상당히 지체되었다. 욍치제르의 전선 좌익에서는 5경기병사단이 뇌프샤토(Neufchâteau)-리브라몽(Libramont)-바스토뉴(Bastogne)를 연결하는 개활지를 방어하고 있었다. 구데리안의 주력 부대는 바로 이곳을 통과해 전진하고 있었고 벨기에군의 파괴 활동으로 지연이 좀 있었을 뿐이었다. 5월 10일 저녁 벨기에군 아르덴 샤슈어(Chasseur: 경장보병 혹은 기병—옮긴이) 사단이 명령을

페어리 배틀 폭격기 편대가 프랑스 전투기의 호위 속에 비행하고 있다.

받고 북으로 이동했다. 하지만 3연대는 이동하지 못했는데 이들은 롬멜의 모터사이클대대와 교전을 벌였으며 때문에 이 대대는 그날 저녁 우르테강으로 진출하지 못했다.

5월 10일의 연합군 공습은 가믈랭이 독일군의 집결지에 대한 어떠한 공습도 거부했기 때문에 극히 제한적으로만 이루어졌다. 그는 독일 공군의 보복 공격이 두려웠던 것이다. 그는 어떤 대가를 치르더라도 공군의 활동을 '요격과 정찰'에만 국한시켰다. 나중에 가서야 이러한 공군에 대한 제약을 수정해 독일 공군의 비행장을 공격의 부차적 목표로 하고 이동 중인 적을 공격의 주요 목표로 하는 조건으로 공습을 허용했다. 하지만 부대 집결지에 대한 공격은 여전히 피하려고 했다. 절망적인 상황에서 공군 중장 바랫은 페어리 배틀 폭격기를 한 차례 출격시켜 룩셈부르크를 통해 전진해오는 독일군 종대를 공격하게 했다. 하지만 그들을 맞이한 것은 지상의 엄청난 대공포화와 Me 109전투기들이었다. 출격한 32대의 폭격기 중 13대가 격추되었고 나머지 비행기는 모두 기체에 손상을 입었다.

공군 중장 바랫. 그는 프랑스 주둔 영국 공군 사령관이었다.

| 5월 11일 |

북쪽에서는 5기갑사단과 7기갑사단이 디낭을 향해 진격해오고 있었고, 동시에 폰 클라이스트의 기갑집단 예하 부대인 6기갑사단과 8기갑사단은 더욱 조밀하게 집중된 상태로 몽테르메(Monthermé)와 누존빌(Nouzonville)을 향하고 있었으며, 구데리안의 1기갑사단과 2기갑사단, 10기갑사단은 스당을 향해 전진했다.

우선 우리는 5기갑사단과 7기갑사단의 진로를 살펴볼 것이다. 롬멜의 기갑사단이 최초로 뫼즈강에 도달했기 때문이다. 그의 오른쪽을 담당한 5기갑사단은 처음부터 아르덴 숲을 통과하는 데 많은 어려움을 겪기 시작했다. 그들은 도로 위에서 서로 뒤엉키더니 결국은 7기갑사단보다 뒤처지기 시작했다. 하지만 롬멜은 자신의 부대를 잘 훈련시켰다. 공병들은 사방에서 튀어나와 신속하게 주교를 조립하거나 장애물을 제거해 전차들을 통과시켰다. 롬멜은 '승리는 상대방에게 먼저 화력을 집중시킨 쪽이 차지한다'는 것을 빠르게 포착하고, 정면에 있는 프랑스 기병에 관한 한, '선제 사격'을 하도록 명령했다.

라인하르트의 군단에 속한 6기갑사단과 8기갑사단은 구데리안의 뒤에서 출발했지만, 6기갑사단의 경우 2기갑사단의 부대 때문에 도로가 막혀 있었다. 다시 한 번 기갑공병들이 기적을 창조해, 대체 주교를 설치하고 도로 장애물을 제거하여 우회도로를 만들었다. 구데리안의 전선에서는 1기갑사단이 프랑스 5DLC를 돌파해 105밀리미터 야포 1개 포대를 포위망에 가뒀다. 그리하여 5DLC 사단장은 결국 세무아강 너머로 후퇴할 수밖에 없었다. 욍치제르가 모든 수단을 동원해 이곳을 사수하라고 명령하고 전선을 강화하기 위해 295보병연대(스당에 있는 B급 부대인 그랑사르의 55사단 소속 부대)를 배치했지만 소용이 없었다. 5DLC의 왼쪽에 있던 3스파히여단도 결국 5DLC를 따라 세무아강 이남으로 철수했다. 이 예쁜 송어의 강은 수심이 얕아지면서 도섭이 가능한 지역이 몇 군데 생겼기 때문에 천연 장애물은 별로 쓸모가 없었다. 가장 확실한 도하 지점은 부용(Bouillon)이지만 이곳은 방어하는 쪽에 유리한 지형을 가지고 있었다. 밤이 되자, 1기갑사단이 부용 외각에 도달했다. 하지만 그들은 다리가 파괴된 것을 보고 다음 날 차량화 보병과 함께 공격하기로 결정하고 후퇴했다.

하늘에서는 독일 공군이 연합군의 주의가 아르덴 고원지대에 집중되지 않도록 주의하면서 북쪽의 네덜란드군을 분쇄하는 데 매진하고 있었다. 벨지언 배틀(Belgian Battle: 페어리 배틀의 벨기에 공군 버전—옮긴이) 1개 비행중대가 출격해 마스트리히트의 다리와 알베르 운하의 다리를 폭격했다. 이 공습에 참여한 15대 비행기 중 10대가 격추당했다. 이어서 영국군 블렌하임 폭격기가 같은 임무에 동원되었지만, 6대 중 5대가 대공포에 격추당했다. 상황이 급하게 되자, 가믈랭은 다스티에르에게 연락하여 "마스트리히트와 통가렌(Tongaren), 장블루로 향하는 독일군 종대의 진격 속도를 무슨 수를 쓰든 지연시키라"고 명령했다. 또한 이를 위해 독일군의 모든 집결지에 대한 공습도 허가했다. 하지만 잃어버린 시간을 되돌릴 수는 없었다. 게다가 제한된 시도마저도 엉뚱한 지역에서 이루어졌다!

독일 보병들이 행군하고 있다.

한편 영국 원정군은 딜의 자기 구역에 도착했고 상대적으로 강력한 진지를 구축했다. 블랑샤르 장군은 장블루에서의 간격을 메우기 위해 부대를 강행군시켰는데, 이로 인해 많은 문제가 발생했다. 에뱅 에마엘 요새가 함락되었다는 소식과 너무나도 신속한 독일군의 전진으로 기병군단의 프리유(Prioux) 장군은 '딜 기동'을 수행하는 것이 거의 불가능한 상황이라고 보고했고, 빌로트는 경악했다. 빌로트는 그날 저녁 프리유에게 5월 14일까지 전선을 고수하라고 명령했다. 네덜란드 쪽은 상황이 더 비관적이었다. 공군은 제공권을 상실했고, 네덜란드 육군은 로테르담을 향해 퇴각할 수밖에 없었다. 지로의 7군은 틸부르크 인근에서 독일 9기갑사단과 조우했다. 하지만 그의 전차부대들은 패배하여 안트베르펜을 향해 후퇴했고, 그 뒤를 독일 공군기들이 저공비행으로 따라왔다. 이 모든 상황 때문에 가믈랭의 관심은 온통 북부 전선에 집중될 수밖에 없었다. 하지만 아르덴 고원지대를 통해 독일군이 공

영국군 보병.(리처드 가이거의 삽화)

격해오고 있다는 보고가 전혀 없는 것은 아니었다. 다스티에르는 5월 11일 정오에 정기 보고서에서 이렇게 밝혔다. "적은 기베트(Givet) 방향에서 활발한 활동을 벌이고 있는 것으로 보인다." 하지만 연합군의 정찰 활동을 저지하는 독일 공군의 '우산'과 아르덴 숲이라는 천연 은폐물 때문에 아르덴 고원을 통해 전진하는 독일군의 전력을 정확하게 파악할 수는 없었다. 보크 장군이 북부전선에서 '투우사의 망토'를 휘두르면서 적어도 독일 기갑전력 4분의 1 이상이 그곳에 배치되어 있음을 암시했지만 말이다. 그럼에도 불구하고, 조르주 장군은 스당 뒤쪽에 있는 2차 방어선으로 전략예비부대인 2기갑사단과 3기갑사단, 3차량화사단, 14보병사단, 36보병사단과 87보병사단을 이동시키려고 준비하기 시작했다. 이동 명령은 5월 11일과 13일 사이에 전달했다. 하지만 당시 상황은 그것조차도 너무 늦었다는 사실을 보여주기에 충분할 만큼 좋지 않았다.

| 5월 12일 |

네덜란드의 상황은 이미 절망적이었다. 조이데르(Zuyder)해의 해안까지 독일군이 도달했고, 동시에 1차 방어선인 그레베선(Grebbe Line)이 레넨(Rhenen)에서 돌파당했으며, 남쪽에서는 독일 9기갑사단이 뫼르딕(Moerdijk) 교량을 장악하고 있던 낙하산부대와 연결하는 데 성공했다. 네덜란드 육군은 후퇴해 로테르담과 암스테르담, 위트레흐트 등의 도시를 방어해야만 했다. 네덜란드 공군은 단 한 대의 폭격기만 남은 상황에 처했고, 그것마저도 다음 날 격추당했다. 지로의 기갑부대는 손실로 인해 전력이 감소했고, 철도를 통해 여전히 병력을 보충받을 수는 있었지만, 독일 9기갑사단과 끊임없이 등장하는 공군의 위협 아래 놓여 있었다. 한편 블랑샤르의 병력들은 전진 속도를 높이라는 명령을 받았지만, 주간에 이동하는 동안 독일 공군에게 계속 공습을 당했다. 벨기에군이 영국군과 연결하기 위해 후퇴하는 바람에 프리유 기병군단의 측면은 독일 기

행군 중인 프랑스 보병.

프랑스군은 대포를 말을 이용해 옮겼다.

〈위〉 공격 직전에 있는 프랑스 차량화부대 소속 장갑차의 모습.
〈아래〉 르노 전차 한 쌍이 수목 가장자리에 대기 중이다. 깃발을 단 전차에는 전차중대장이 탑승하고 있다.

독일 공군 전투기. 메서슈미트 Me 109 단좌형 전투기로 최고 속도는 685km/h이다.

갑사단의 공격을 받게 되었다. 프랑스 전차는 아직 위치를 지키고 있었고 전투의 승패는 결정되지 않았지만, 이날 밤까지 딜에 도착한 프랑스 1군은 전체 병력의 3분의 2에 불과했다.

프랑스 폭격기는 준비가 덜 되었기 때문에 다스티에르는 영국 공군에 마스트리히트 다리를 공격해 달라고 요청했다. 하지만 출격한 블랜하임 폭격기 9대 가운데 6대가 격추당했다. 그러다가 정오에 1/54 비행대대가 마침내 준비를 마쳤고, 6대로 구성된 브레게(Breguet) 1개 편대는 리에주 인근을 공격하다가 믿을 수 없을 정도로 놀라운 표적을 발견했다. "수백 대의

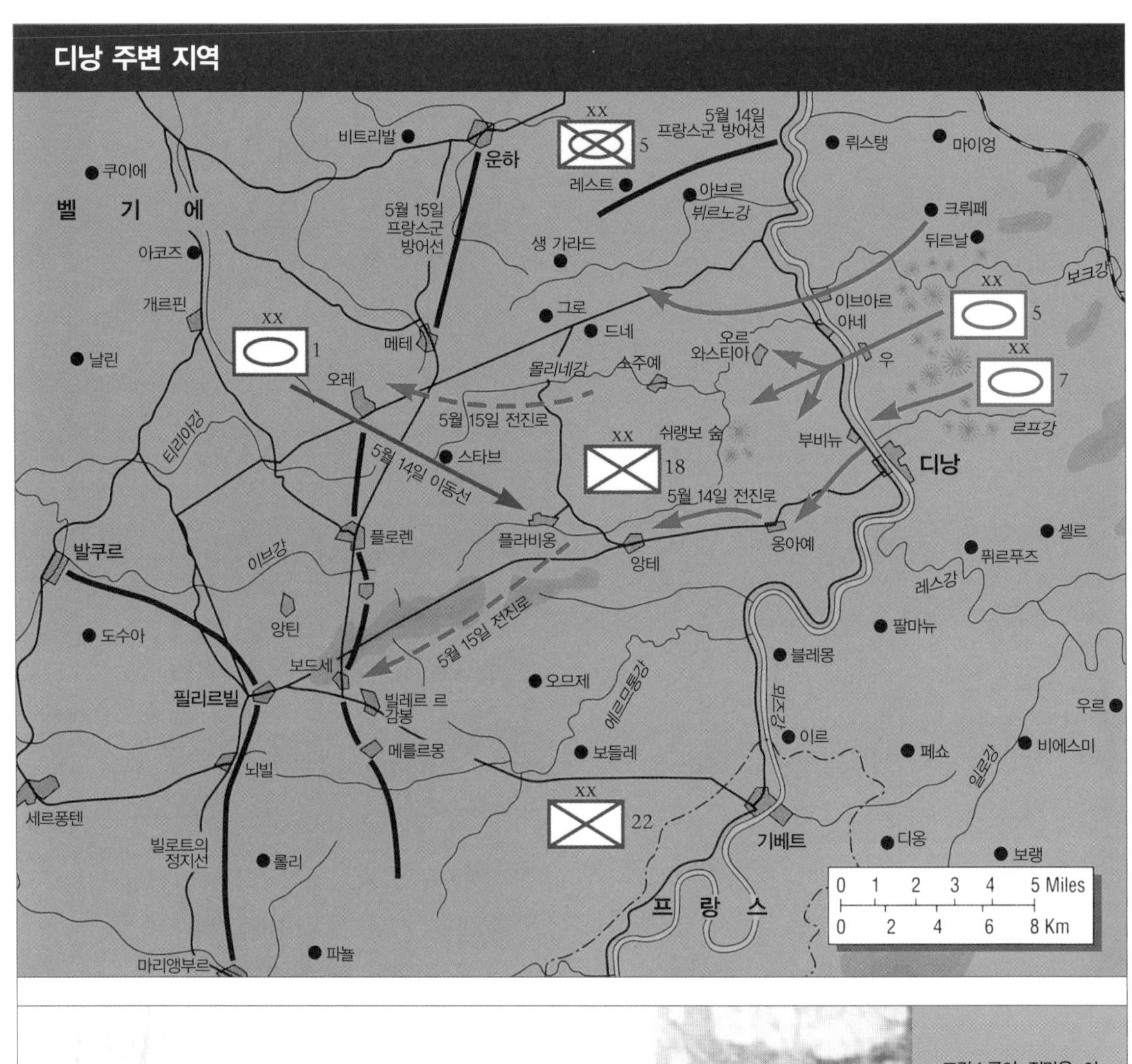

프랑스군이 짐말을 이끌고 산 속 길을 따라 이동하고 있다.

차량들이 프랑스를 향해 이동 중이다. 각각의 차량 대열은 앞의 대열과 좁은 간격을 유지한 채 끊임없이 기동하고 있으며 빠른 속도로 전진 중이다." 이 편대가 공격을 개시하자, 대공포의 완벽한 화망이 비행기를 완전히 부숴버렸다. 이리하여 6대의 폭격기 중 1대만이 복귀했다. 그러나 복귀한 비행기도 기체에 손상을 당한 채 착륙하여 이것 역시 전력에서 제외되었다. 비행대대는 50%의 손실을 입었다.

실제로 북부전선에서 연합군이 수행한 공중 전투의 일일 집계 보고는 서글픈 소식을 전했다. 영국 공군은 폭격기들이 140소티(sortie)를 출격해 24대를 잃었고, 프랑스 공군은 30소티를 출격해 9대를 잃었다. 프랑스 공군은 200소티를 출격해 6대가 격추되었지만, 적기 26대를 격추시켰다고 주장했다. 반면, 독일 공군은 전투기들이 340소티를 출격해 4대가 격추당했고 28대를 격추시켰다 주장했다. 다시 한 번, 다스티에르는 "상당한 전력의 차량화 및 기계화 부대가 …… 디낭과 기베트, 부용 근방에서 뫼즈강을 향해 이동 중이다"라고 보고했다. 그리고 보고서의 끝에 이렇게 적었다. "틀림없이 뫼즈강 방향에서 적이 공격해올 것이다." 빌로트에게는 경악스럽게도, 조르주는 항공지원의 첫 번째 우선순위를 욍치제르에게 주었지만, 날이 저물 때까지 2군 사령관은 단 한 차례도 공군의 엄호를 요청하지 않았다. 하지만 다스티에르는 자신의 독단적 판단에 따라 그날 저녁 영국 공군에게 비행기 50대를 출격시켜 뇌프샤토와 부용을 공격해 달라고 요청했고 그 중 18대는 기지에 복귀하지 못했다.

5월 12일 정오에 롬멜에게 행운이 따랐다. 그의 사단은 '경' 사단에서 전환되어 단 하나의 전차연대만을 보유하고 있었다. 베르너(Werner) 대령이 지휘하는 31전차연대는 5기갑사단의 선봉부대였는데, 일시적으로 롬멜의 사단에 배속되었다. 프랑스 기병 후위부대와 몇 차례 격렬한 전투를 한 후, 그들은 뫼즈강을 향해 이브아르(Yvoir)로 밀고 나갔다. 프랑스의 차량들이 교량을 통과하고 있는 동안, 베르너의 장갑차들이 다리를 향해 돌진했다. 벨기에군의 드 비스펠래레(de Wiespelaere) 중위는 발파장치의 플런저를 힘껏 눌렀지만 폭약이 폭발하지 않았다. 이때 벨기에군의 대전차포 때문에 독일군 선두 장갑차 한 대가 정지했고 장갑차의 지휘관이 도화선을 해체하기 위해 달려 나왔다가 사살당했다. 그 동안 두 번째 장갑차가 다리 위에서 정지해버렸다. 이러는 가운데 드 비스펠래레 중위는 수동으로 폭약을 점화시키기 위해 달렸다. 임무에 성공하고 그가 몸을 돌리는 순간 총탄이 그의 몸을 관통했다. 하지만 엄청난 폭발과 함께 다리가 붕괴되었고 장갑차를 비롯해 그 위에 있던 모든 것이 강에 처박혔다.

이후 차량화 보병여단이 도착해 강의 동쪽 측면을 제압했다. 날이 어두워지자, 정찰 활동은 거의 이루어지지 않았다. 우(Houx)에 있는 오래된 둑이 강의 중간에 있는 좁은 섬에 연결되어 있는 것처럼 보였다. 그곳은 방어병력이 배치되어 있는 것 같지 않았고, 그날 저녁 롬멜의 도보 정찰대가 그 지역을 정찰하여 그 사실을 확인했다. 즉시 모터사이클대대에 도하 명령을 하달했다. 병사들은 어둠 속에서 더듬으며 은밀하게 전진했다.

그들은 결국 "……강을 가로지르며 군데군데 연결이 끊어진 둑에 도달하는 데 성공했다. 그것은 무방비로 방치되어 있었고 오랜 풍상에 찌든 바위덩어리로 되어 있었다." 기관총으로 엄호사격이 이루어지는 가운데 매우 조심스럽게 첫 번째 병력이 둑 위로 전진했다. 둑 위를 이동해야 했으므로 균형을 잘 잡아야 했다. 섬 위의 관목을 통과하자, 강 끝에는 문이 있었다. 그들은 서서히 전진해 엄폐물을 찾아 진지를 구축했다. 서서히 더 많은 병력이 강을 건넜고, 결국 기관총 소리 속에서 수개 중대가 도하하는 데 성공했다.

이날 롬멜의 사단이 입은 피해는 장교 3명과 부사관 및 사병 21명에 불과했다. 그의 사단은 뫼즈강 대안(對岸)에 교두보를 확보했다. 비록 아직 안심할 수 있는 상황은 아니었지만 말이다. 프랑스군은 둑을 파괴하고 싶어하지 않았던 것으로 보인다. 건기라서 강의 수위가 낮아져 여러 곳에서 도하가 가능했으므로 둑을 파괴하여 수위를 높여야 할 필요가 있었기 때문이다. 프랑스군은 그렇다고 잠재적인 취약성을 지니고 있는 지점들에 대해 특별한 방어 수단을 강구하지도 않았다.

이 지역에서 프랑스군은 다소 어수선한 상태였다. 이곳은 부페의 2군단과 마르탱의 11군단의 경계선에 해당했다. 5월 12일에 프랑스 5차량화사단은 어느 정도는 계획한 위치에 도달했지만, 18사단(A급 부대)은 불과 6개 대대와 약간의 포병대만이 진지에 도착했다. 그들은 프랑스 국경에서부터 80킬로미터나 되는 거리를 강행군해왔기 때문에 지칠 대로 지친 상태였다. 전선이 대단히 얇게 펼쳐져 있었기 때문에 마르탱은 5차량화사단에서 1개 대대를 전용해 자신의 전선을 강화하려 했다. 하지만 2사단 39연대가 5월 11일에 명령을 받았음에도 불구하고, 12일 오후가 돼서야 지시된 진지에 도달할 수 있었고, 66연대로부터 방어선 인수를 막 마칠 수 있었다. 롬멜의 병력이 동쪽 제방에 있다고 알고 있었기 때문에 39연대는 우(Haux)의 섬을 내려다보는 일련의 고지대에다가 동쪽을 향해 진지를 구축했는데, 이는 뫼즈강을 방어하라는 코라프의 명령에 전적으로 배치되는 조치였다. 부쉐는 5월 13일 01:00시에 롬멜이 뫼즈강을 도하한 사실을 알고 있었지만, 마르탱은 04:00시가 될 때까지 그 소식을 듣지 못했기 때문에 코라프에게도 보고할 수 없었다.

라인하르트의 구역에서는 혼란이 끊이지 않았고, 또 몇 개 되지 않는 전진로에 많은 부대가 몰리는 바람에 상황 전개가 대단히 느렸다. 그럼에도 6기갑사단은 하루 종일 프랑스군의 공습은 물론 지상군의 활동도 전혀 보이지 않는다고 보고했다. 저녁이 되자 독일군 사단들은 뫼즈강이 내려다보이는 절벽 끝에 접근했다. 이렇게 된 이유는 단순히 3스파히여단의 퇴각으로 기병대의 좌익이 노출되어버렸기 때문이다. 코라프는 스파히여단에게 세무아의 진지를 다시 장악하라고 명령했다. 하지만 독일군 전차들이 이미 도하에 성공했기 때문에 기병 경계진 전체가 뫼즈강의 서안으로 후퇴해야만 했다. 5일 동안 유지할 수 있을 것이라는 예상과는 달리, 그들은 그 절반의 시간밖에 버티지 못했다.

여기서 우리는 다시 독일 기갑부대의 주공으로 관심을 전환할 필요가 있다. 밤새 구데리안은 세무아에서 프랑스 3스파히여단이 후퇴하여 생긴 간격을 충분히 활용했다. 1기갑사단의 모터사이클부대는 어둠을 틈타 도하에 성공했고, 5월 12일 06:00시에 구데리아안은 무자이브(Mouzaive)에서 전차들을 도하시켰다. 부용에서는 그의 보병연대가 강을 도하해 곧 목표물을 확보했다. 정오에 1기갑사단이 스당으로 향하는 도로에 도달하자, 맞은편 저 멀리에 뫼즈강의 대안이 시야에 들어왔다. 욍치제르는 5DLC에 스당과 국경 사이를 가로지르는 메종 포르트(masions fortes)로 퇴각하도록 명령했다. 295연대의 보병대대는 더 운이 나빴다. 그들은 흩어져 도주했는데 "낙담한 병사 300명만이 다시 모습을 드러냈고 기병들을 향해 '배신자' 라고 소리쳤다. 이들은 바로 다음 날에 벌어질 전투에 대한 모든 전의를 상실했다." 한편, 독일군 1기갑사단은 기병을 추적하기 시작했고, 프랑스군은 저녁때 강의 동안에 있는 스당의 주요부에서 철수할 수밖에 없었다. 독일군 보병과 공병들은 텅 빈 거리로 전진하면서 프랑스군으로부터 중포 사격을 받았다. 그리고 차례로 모든 교량이 폭파되었다.

다른 곳에서는 5월 12일 15:00시에 조르주가 사령부를 비운 동안 그의 참모장은 기병들이 '대단히 심각한 피해' 를 입었다는 소식을 접하게 되었다. 이에 따라 욍치제르는 스당 남부의 방어선에 투입하여 71사단을 대체할 수 있는 새로운 사단을 요구했다. 참모장은 3개 예비사단—3기갑사단과 3차량화사단, 14보병사단—에 출동명령을 내렸다. 그 뒤 17:00시, 욍치제르의 참모장은 전화로 이렇게 보고했다. "전선이 다시 안정을 되찾았다." 하지만 조르주의 참모장은 자신의 결정을 바꾸지 않고 3차량화사단에 5월 14일까지 스당으로 이동하라고 명령했다.

일몰이 시작되면서 다음 날 독일군이 프랑스 2군을 맹렬히 공격해올 것이란 사실이 분명해졌다. 독일군 전차의 소음이 점점 더 커지는 것은 물론이고, 항공정찰병도 아르덴을 통과하는 모든 도로에 긴 차량 대열이 이동 중이라고 보고해왔기 때문이다. 이 차량 대열이 뿜어내는 헤드램프의 불빛은 연합군 공군을 완전히 무시하고 있음을 과시하고 있었다. 하지만 욍치제르는 어떻게 예상했었던가? 그는 프랑스군이 5월 18일 이전에 뫼즈강을 도하하지 못할 것이란 사실을 알고 있었고, 독일군도 그보다 빠르지는 못할 것이라고 생각했다. 그 생각대로라면 그에게는 계획을 수정하고 예비부대를 동원해 뫼즈강에서 그들을 저지할 수 있는 시간이 있었다. 5월 10일 71사단은 뫼즈강 방어선에 진지를 구축하라는 명령을 받고 뿔뿔이 흩어진 채 불과 이틀이라는 짧은 시간에 64킬로미터를 강행군했다. 사단장인 보데는 자신의 사령부가 아직 설치도 되어 있지 않은데다가 사단의 유선전화선조차 가설되지 못한 상태라는 사실을 알았다.

한편 라퐁텐의 55사단은 71사단이 진지를 구축할 수 있는 공간을 만들어주기 위해 사단 진지를 재편성해야 했다. 하지만 이 작업은 5월 13일과 14일 야간에 완료될 예정이었다. 그랑사드는 5월 12일에 2개 포병연대를 추가로 배속받고 대포를 약 140문 확보함으로써 정상적인 부대보다 포병 전력이 두 배로 급상승했다. 하지만 이들 중 대부분은 엄폐된 진지에 배치되지 않았고, 게다가 일부 포대는 아직 도착하지도 않았다. 155밀리미터 곡사포연대의 지휘관은 부용의 진지에 너무 많은 포격을 가해 포탄을 전부 소진해버리자, 부대를 후퇴시킬 수밖에 없었다. 그랑사드는 독일군의 접근로에 교란사격을 할 수 없는 처지로 전락했다.

하지만 주사위는 이미 던져졌다. 폰 클라이스트는 구데리안에게 5월 13일 15:00시에 뫼즈강을 도하하라는 명령을 하달했다. 구데리안은 2기갑사단이 뒤에 처져 있고, 공병대가 아르덴 숲에서 필사의 노력을 다한 뒤라서 아직 준비가 되어 있지 않다는 이유로 도하작전 준비를 위해 더 많은 시간을 요구했다. 폰 클라이스트는 5월 13일 항공지원계획을 이미 공군에 전달했다. 그것은 구데리안과 공군의 뢰르처(Loerzer) 장군이 사전 조율한 내용에 배치되는 것이었다. 폰 클라이스트는 프랑스군이 고개를 들지 못하도록 지속적인 폭격을 가하는 것이 아니라, 포병 준비사격과 동시에 집중공격을 하도록 명령했다. 그럼에도 불구하고 명령은 이미 하달됐고 구데리안은 자신의 사령부로 황급히 복귀했다. 그는 자신의 작전명령을 작성할 만한 시간이 없었다. 그래서 전쟁연습에 사용했던 작전명령을 꺼냈고, 그가 할 수 있었던 것이라고는 작전 개시 시간을 09:00시에서 15:00시로 고친 것이 전부였다.

5월 13일 : 뫼즈강 도하

롬멜은 이날 매우 일찍 일어났다. 03:00시에 그는 디낭에 있었다. 그는 자신의 지휘차량에서 내려 뫼즈강 기슭까지 걸어갔다. 그곳에서는 6보병연대가 고무보트를 타고 도하를 시도하고 있었지만 서안에서 집중 사격을 받아 진행은 지지부진했다. 별도의 연막사격부대를 가지고 있지 않았기 때문에 새벽서리가 걷히기 시작하자, 롬멜은 가옥 몇 채에 불을 놓으라고 지시했다. 그리고 그 사이에 7모터사이클대대에 명령을 내려 뫼즈강 서안의 적을 소탕하게 했다. 하지만 그들의 진지를 방문했을 때 1개 중대를 제외한 도하작전이 전면 중단되었다는 사실을 알게 되었다. 사단본부로 돌아가는 도중 잠시 군사령관 폰 클루게와 군단장 호트 장군을 만나 협의를 하고 3호 전차와 4호 전차 몇 대와 일부 포병을 자신이 직접 지휘하기로 했다.

르페(Leffé)로 돌아와 둑과 도하점에 이르렀을 때, 그의 부하들은 그 일대에 머물러 있었다. 곧 추가로 전차들이 도착하여 포병의 지원사격 하에 계곡을 따라 북쪽을 향해 45미터 간격으로 정렬했다. 포병과 전차의 엄호 아래 도하작전은 서서히 진전을 보이기 시작했다. 롬멜은 첫 번째로 도하하는 보트에 올라타고 잠시 동안 서안으로 건너간 병력을 직접 지휘했다. 이곳에서 2개 중대가 상당히 진격했을 때 적의 전차가 출현했다는 보고가 들어왔다. 롬멜이 즉시 모든 화기로 전차를 사격할 것을 명령하자, 적의 전차는 후퇴했다. 실제로 이것은 적의 허를 찌르기 위한 공격에 불과했다. 도하에 성공한 중대에는 대전차무기가 없었기 때문이다.

독일군이 4인승 고무보트를 타고 뫼즈강을 도하하고 있다.

롬멜은 동안으로 돌아와 6보병연대가 도하하고 있는 지점으로 차를 몰았다. 이곳에는 대전차대대 대대장이 포 20문을 강가에 배치해놓았고, 공병들이 8톤의 하중을 수용할 수 있는 주교를 조립하고 있었다. 그는 공병에게 16톤의 하중을 수용할 수 있는 주교를 조립하라고 지시하고 자신의 무선차량을 대동한 채 강을 건너 서안에 설치된 보병여단본부를 방문했다.

한편, 그랑쥐(Granges)의 상황은 급박했다. 프랑스군이 전차를 동원해 강한 반격을 가해왔다. 7모터사이클대대의 대대장은 부상을 입었고, 그의 부관은 전사했다. 다시 강을 건너 복귀하다가 롬멜은 전차연대에게 야간에 뫼즈강을 도하하라고 지시했다. 하지만 전차가 폭이 110미터인 강을 야간에 건너는 것은 그 속도가 매우 느릴 수밖에 없다는 사실을 깨닫게 되었다. 동이 틀

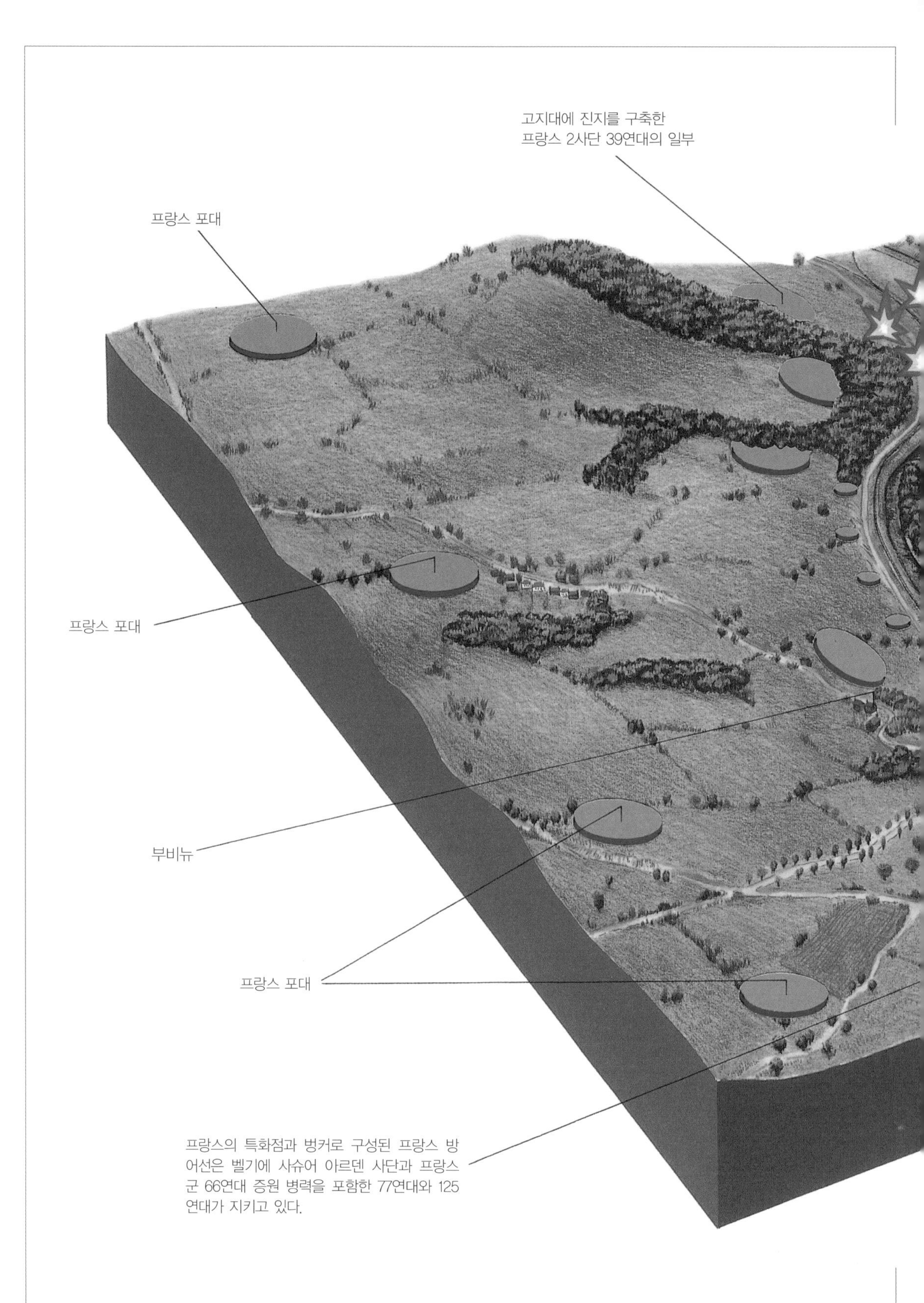
고지대에 진지를 구축한
프랑스 2사단 39연대의 일부
프랑스 포대
프랑스 포대
부비뉴
프랑스 포대
프랑스의 특화점과 벙커로 구성된 프랑스 방어선은 벨기에 사슈어 아르덴 사단과 프랑스군 66연대 증원 병력을 포함한 77연대와 125연대가 지키고 있다.

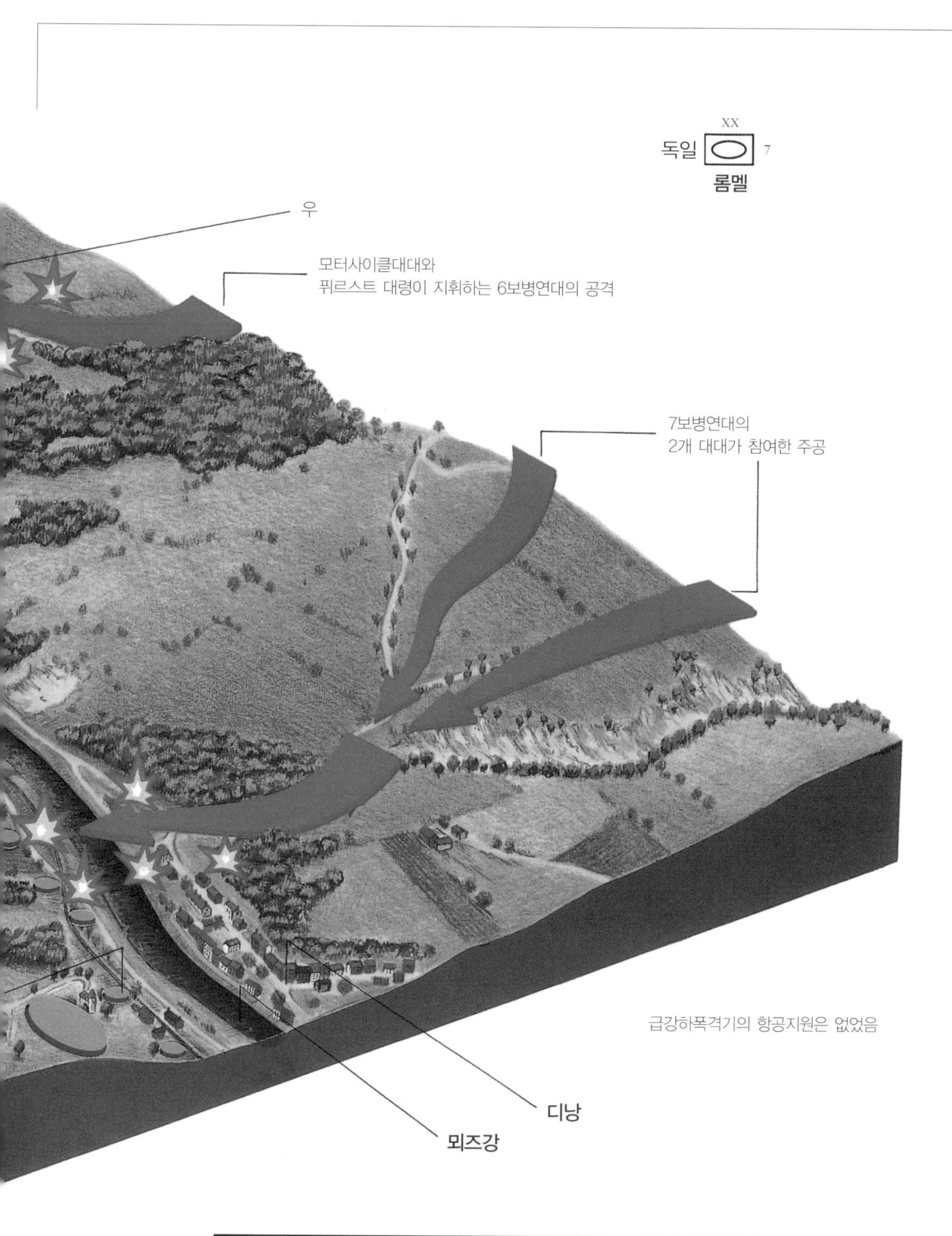

롬멜의 뫼즈강 도하

1940년 5월 12일에서 13일로 넘어가는 야간에 롬멜의 7기갑사단은 디낭 인근에서 독일군 최초로 뫼즈강을 건너는 데 성공했다.

프랑스군 호치키스 전차 1대가 은폐물 밑에 멈춰 서 있다.

때까지 15대의 전차만이 강을 건널 수 있었다.

이러한 사실로 미루어볼 때, 벨기에 사슈어 아르덴 사단과 프랑스 66연대 모두가 뫼즈강의 방어진지에 병력을 배치하고 강력하게 저항했음이 분명하다. 밤이 되었는데도 독일군의 교두보에 여전히 고립된 프랑스군과 벨기에군이 남아 있었고, 그들을 구출하기 위해 부대를 긴급히 투입해야 했다. 프랑스군 후방에서는 여전히 혼란과 지체가 계속되고 있었다. 부쉐 장군이 우(Houx)에서 독일군이 도하에 성공했다는 소식을 들은 지 5시간이 지났다. 그는 39연대 예하의 모든 대대와 연락이 두절되었다. 접촉을 시도하기 위해 모터사이클부대와 기관총 탑재 차량을 파견했지만, 그들도 독일군에게 밀려났다. 부쉐는 다시 오-르-와스티아(Haut-le-Wastia)에서 129연대의 1개 대대를 동원해 공격을 감행하기로 결심했다. 공격 시간은 13:00시로 예정되어 있었지만, 14:00시까지 아무런 일도 일어나지 않았다. 공격을 시작하려는 순간 적의 공습으로 계획이 틀어졌던 것이다. 이번에는 2군단의 차량화기병사단의 1

위장 진지에서 사격을 가하는 프랑스군 중포.

개 연대에게 공격을 담당하도록 명령했다. 하지만 그들도 20:00시까지 공격을 시작할 수 없었고, 결국 작전은 다음 날로 연기되었다.

그 동안 18사단 본부 또한 곤경에 처해서 거의 하루 종일 모든 통신이 두절되는 상태에 처했다. 두멘(Doumene) 장군은 이렇게 상황을 묘사했다. "전화망은 모두 두절되었다. 77연대에 연결되는 통신선은 사라져버렸고, 128연대의 통신선은 재가설하지 못했다. 모터사이클 전령도 더 이상 없었다." 오후에 마르탱 장군은 39연대에게 쉬랭보(Surinvaux)를 역습해 뫼즈강 서안의 독일군을 소탕하라고 명령했다. 공격은 3개 포병단과 1개 전차중대의 지원을 받게 되어 있었다. 공격 예정 시간은 19:30시로 정해졌다. 하지만 연대의 준비가 미흡해 두 번 지연이 있었기 때문에, 20:00시나 되어서야 전차들이 전진을 시작했다. 하지만 보병의 공조가 없었기 때문에, 결국은 포로 몇 명만 잡은 채 전차들은 후퇴할 수밖에 없었다. 이 모든 상황 가운데 프랑스 고위사령부에 보고된 내용은 극히 일부분에 불과했다. 하지만 오후 늦게 욍치제르의

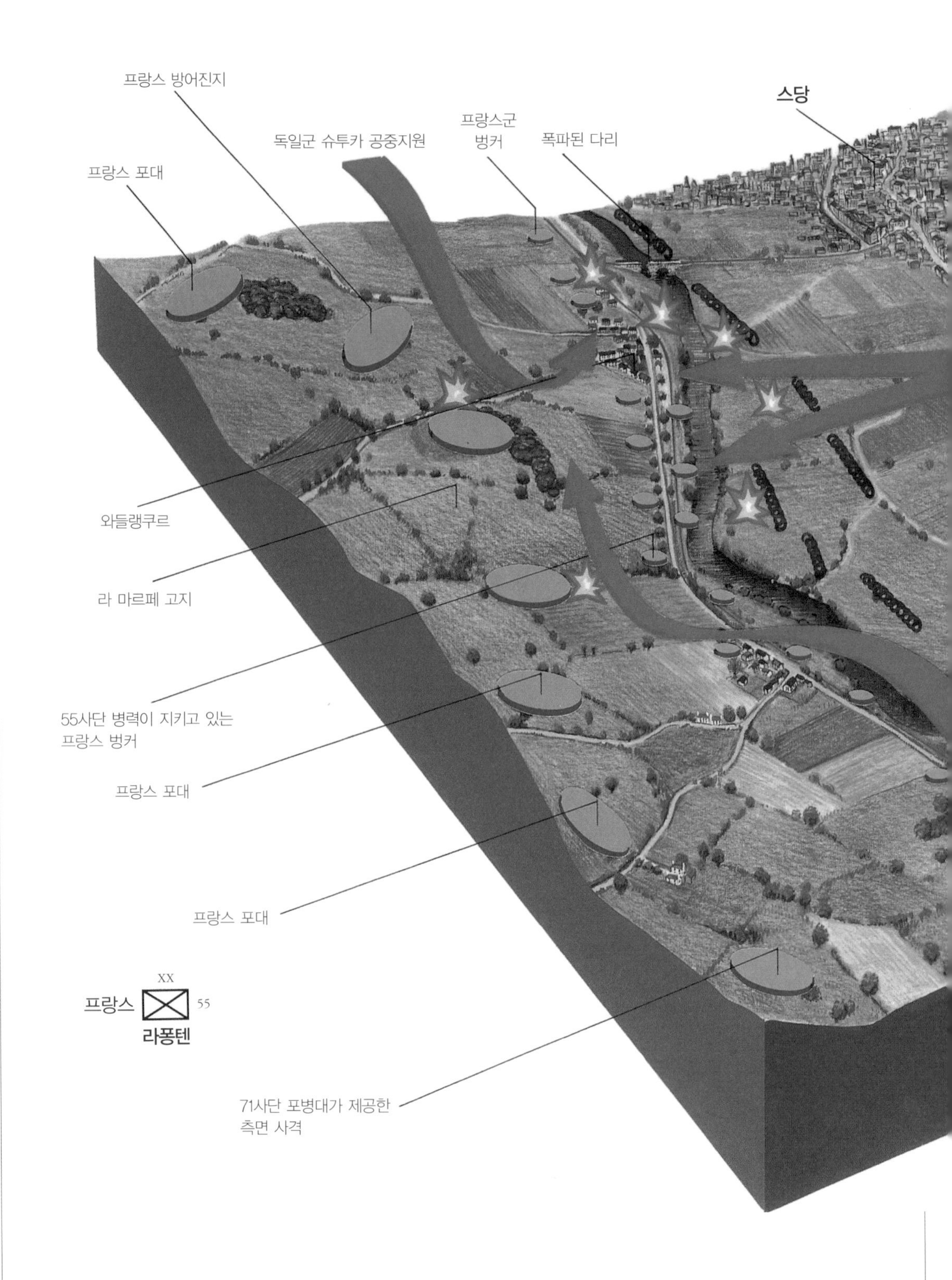
프랑스 방어진지
스당
독일군 슈투카 공중지원
프랑스군
벙커
폭파된 다리
프랑스 포대
와들랭쿠르
라 마르페 고지
55사단 병력이 지키고 있는
프랑스 벙커
프랑스 포대
프랑스 포대
XX
프랑스
55
라퐁텐
71사단 포병대가 제공한
측면 사격

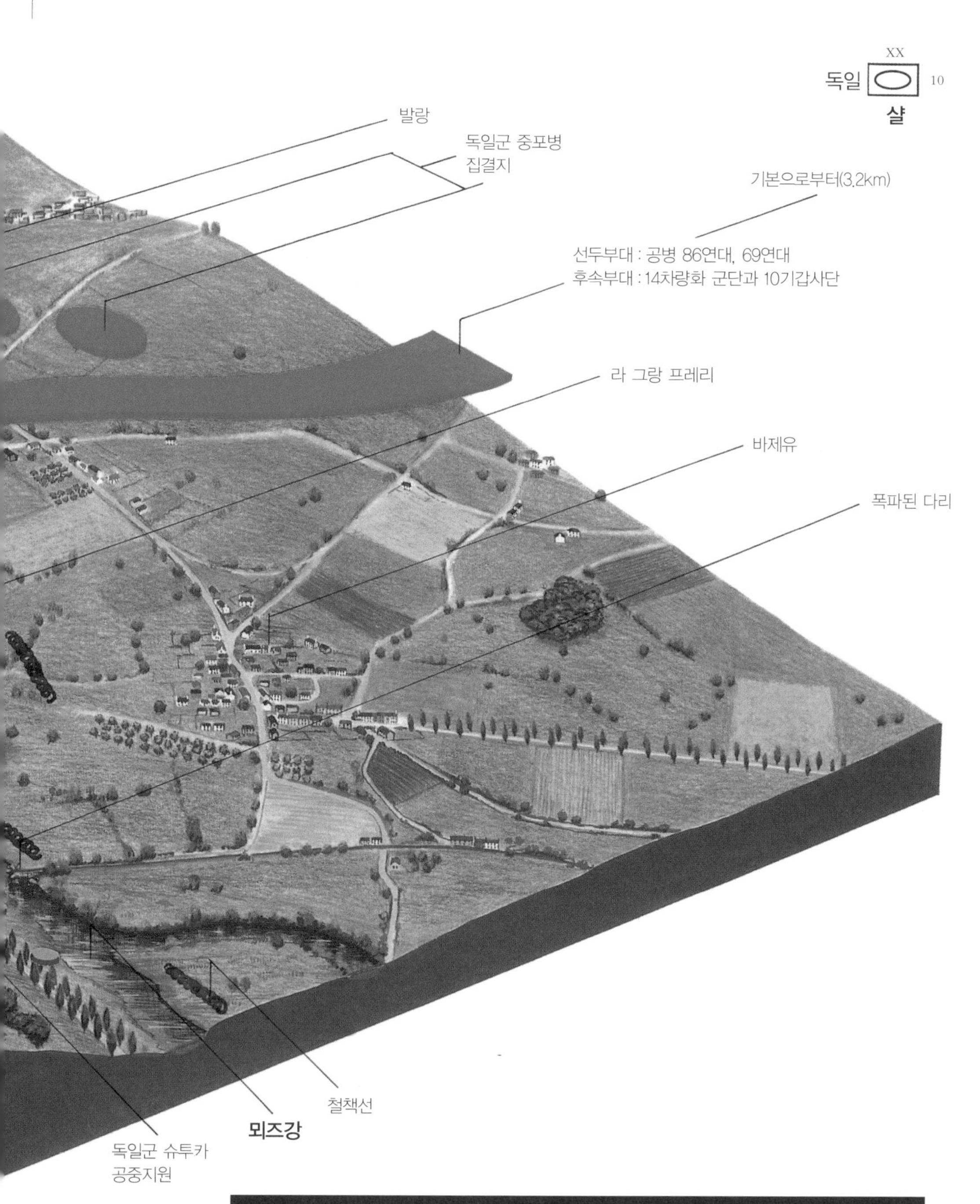

구데리안의 뫼즈강 도하

1940년 5월 13일 15:00시, 10기갑사단은 스당 인근에서 뫼즈강을 도하했다. 계획은 구데리안이 지휘하는 19기갑군단 사령부가 작성했다.

〈위〉 "폭탄 투하!" 슈투카 1대가 폭탄을 떨어뜨리며 급강하에서 급상승으로 전환하고 있다.
〈아래〉 스당 중심부의 항공사진으로 뫼즈강을 가로지르는 2개 다리가 파괴되어 있는 모습이 확실하게 보인다.

독일군의 훈련 모습. 고무보트로 뫼즈강 도하 연습을 하고 있다.

보고가 도착하자, 밤늦은 시간에 조르주는 가믈랭에게 전화를 걸었다. "스당에 대한 독일군의 찌르기 공격이 상당히 심각하다!"

스당을 도하하기 위한 구데리안의 명령은 간단했다. 2기갑사단이 제 시간에 도착하면 그들은 동쉐리(Donchery)에서 도하하게 될 것이다. 동시에 1기갑사단은 글레르(Glaire)와 스당의 북쪽인 토르시(Torcy)에서 도하한다. 10기갑사단은 스당의 남쪽에서 도하하여 군단의 좌익을 보호한다. 주공은 키르히너의 1기갑사단이 맡았고 이 사단은 그로스도이칠란트연대와 전투공병 1개대대 그리고 다른 사단에 속해 있는 중포대대로 증강되었다. 구데리안의 전차집단 뒤로 비터스하임의 14차량화군단이 집결해 전차부대를 지원하고 돌파 성공시에는 돌파구 확대를 위해 대기했다.

오전이 끝나갈 무렵, 점점 더 많은 독일군 전차와 대포들이 쏟아져 나와 도하점 인근의 모든 지역을 장악했다. 프랑스 측에서는 숲이 우거진 라 마르페(la Marfée) 고지대에서 이 모든 상황을 내려다볼 수 있었다. 프랑스 포병들은 이곳을 포병관측소로 활용했다. 그러나 대포 1문당 사용할 수 있는 탄약은

독일군 소령이 목재 돌격주정을 조종하고 있다. 용골 없는 선체를 채용한 이 보트는 16명을 태울 수 있고 12마력 엔진으로 움직인다.

30~80발로 제한했다. 그 이유는 라퐁텐 장군이 말한 것처럼 "적은 4일 내지 6일 동안은 어떤 시도도 불가능할 것이다. 중포와 탄약을 전방으로 추진하고 그들이 진지를 구축할 때까지 그 정도 시간이 걸리기 때문이다."

하지만 프랑스군은 독일 공군을 계산에 넣기나 했을까? 독일 공군 지휘관 뢰르처와 리히트호펜(Lichthofen)은 거의 1,500대나 되는 항공기를 지휘했고, 그들은 전선에서 불과 몇 킬로미터 뒤에서 공격을 위해 대기하고 있었다. 07:00시부터 공습이 시작되었고, 이때부터 도르니어(Dornier) Do 17 폭격기가 프랑스 포병의 유선연락망과 사령부들을 무력화시키기 위해 폭격에 들어갔다. 공습이 점점 더 가열되면서 전화선들은 수차례에 걸쳐 절단되었고, 그에 따라 프랑스군의 포격은 점점 더 줄어들었다. 이때부터 지상에 있는 지휘관들은 자신의 진지들이 연합군의 아무런 항공지원 없이 독일군의 폭격을 받고 있다고 불평하기 시작했다. 독일군의 공습을 저지하기 위한 조치를 제대로 취하지 않았다는 사실이 대단히 이상하기는 하지만, 그 비난의 대부분은 1집단군 사령부에게 돌아갔다. 육군이 다스티에르에게 공군의 항공지원 우선순위를 2군 사령부 지역으로 해달라고 요청하면서 그들은 공군 사령관에게 독일군의 뫼즈강 도하에 대한 정보를 정확하게 알리지 않았다. 빌로트는 그저 "2일 내지 3일 내"라고 막연한 대답만 할 뿐이었다. 지난 3일에 걸쳐 바랫 휘하의 영국 공군이 입은 피해가 너무 컸기 때문에, 5월 13일에는 전체 135대의 폭격기 중 72대만이 출격이 가능했다. 프랑스 전투기들은 9군과 2군 전선에 250소티의 출격을 하여 독일 공군기 21대를 격추하고 12대를 잃었다. 메서슈미트 전투기 80대의 호위를 받으면서 폭격기 50대가 스당을 공습했다는 사실과 비교해볼 때, 이것은 거의 언급할 가치도 없는 수치이다.

정오 무렵부터는 슈투카 급강하폭격기 "……수백 대가 밀집대형으로……" 몰려들기 시작했다. "슈투카는 3개 집단으로 작전을 수행했으며 각 집단은 약 40대 비행기로 구성되었다. 첫 번째 집단이 약 1,500미터 상공에서 진입해 2대 내지 3대의 폭격기로 동시에 공격하면 그 동안 두 번째 집단은

3,600미터 상공에서 선회대기하며 첫 번째 집단이 놓친 목표물이 있는지 주의 깊게 관찰했다. 그러다가 첫 번째 집단이 공격을 끝내면 임무를 바꿔 그들이 공격에 나섰다. 세 번째 집단은 별도로 작전을 수행했는데, 단일 혹은 이동 중인 표적을 노렸다. 슈투카가 공습을 마치고 물러나면 도르니어 폭격기가 다시 공습을 재개했고, 그 뒤에 더 많은 슈투카들이 나타났다. 그들의 폭격기 주위에는 Me 109 전투기와 그보다 더 육중한 Me 110 '디스트로이어' 들이 벌떼처럼 윙윙 거리다 느려터진 프랑스 비행기들이 취약한 슈투카를 공격하려고 시도할 때마다 그들을 공격했다." 역사학자 앨리스테어 혼은 이렇게 기록했다. "중폭격기가 투하한 폭탄은 문자 그대로 포대를 뒤집어엎었다. 대포는 박살이 났고 대공기관총은 흙과 자갈에 막혀버렸다. 콘크리트 벙커 속에 있는 관측장교는 흙먼지와 연무 때문에 눈뜬장님이 되었고, 모든 전화선은 두절되었다. 사방에서 무시무시한 굉음이 울렸다."

14:30시, 구데리안의 포병대가 사격을 시작했고 대공포 사수들은 슈투카의 폭격을 틈타 강가에 바짝 접근해 반대편에 있는 벙커에 사격을 가했다. 근거리에서는 20밀리미터(2연장)와 37밀리미터 캐논이 벙커의 총안 안으로도 사격을 가할 수 있어 대단히 효과적이었다. 또한 프랑스군의 벙커는 곡사포 사격처럼 포탄이 비스듬히 날아와 명중할 경우 구경 210밀리미터 포탄도 견딜 수 있었지만, 크룹(Krupp) 88밀리미터 대공포의 직사는 감당해낼 수 없었기 때문에 더욱 효과적이었다.

독일군 공격의 좌익을 맡은 10기갑사단은 남쪽에서 바제유(Bazeilles)와 마주보고 있는 프랑스군 포대 때문에 어려움을 겪었다. 그 지역은 슈투카의 공격을 받지 않았기 때문에, 이곳의 대포들은 10기갑사단의 좌익에 있는 69연대가 도하를 시도할 때 사격을 가할 수 있었다. 소형 고무보트 50척으로 구성된 제1파가 도하에 나섰을 때, 2척이 파괴되었지만 모두 강을 건너는 데 성공했다. 거기에 타고 있던 병력은 전투공병들로, 공병 11명으로 구성된 분대를 이끈 루바르트(Rubarth) 중사에 따르면, 처음에는 어느 정도 성공을 거두었다. 고무보트 1척당 3명이 타게 되어 있었지만, 보트 2척에는 각각 4명을 태우고 집중사격을 받으며 출발했다. 강을 건너면서 루바르트는 운전병인 포트추스(Podszus) 상병에게 다른 사람의 어깨에 기관총을 고정시키고 가장 가까운 벙커에 사격을 가하도록 명령했다. 고무보트가 대안에 도착하자마자 루바르트는 그 벙커를 무력화시킬 수 있었다. 이어서 자신의 대원들을 이끌고 사각지대로 들어갔다. 거기서 다음 벙커의 배후에 도달했는데 이번에는 폭약을 이용해 벙커의 뒷벽을 파괴했다. 곧 안에 있던 프랑스 병사들이 항복했다. “따라서 사기가 충천해진 우리는 좌측 45도 방향으로 약 100미터 떨어진 곳에서 우리 눈에 띈 보루 2개를 향해 돌진했다.” 첫 번째 보루는 브러이티감(Bräutigam) 상병이 공격했고, 루바르트는 병장 1명과 상병 2명을 데리고 두 번째 보루를 맡았다. 이로써 제1선 벙커 방어선을 돌파했다.

루바르트와 그의 분대는 강기슭에서 100미터 정도 전진해 철도 제방에 도달했다. 여기서 그들은 다시 집중사격을 당했고 소지한 탄약을 모두 써버렸기 때문에 지원병력과 탄약을 확보하기 위해 강으로 돌아가기로 결정했다. 하지만 도하는 다시 한번 적의 집중사격으로 중단되었다. 이때 프랑스가 역습을 감행했다. 브러이티감이 전사하고 상병 2명이 부상을 당하고 나서야 루바르트의 소규모 분대는 적을 격퇴할 수 있었다. 하지만 곧 몇몇 보병과 공병이 강을 건너는 데 성공했다. 루바르트는 다시 전진하여 두 번째 벙커 방어선에 돌파구를 열었다. 마침내 그날 밤 루바르트는 86연대의 보병들과 와들랭쿠르(Wadelincourt) 뒤에 있는 고지대의 목표 지점에 도달하는 데 성공했다. 그의 분대원 11명 가운데 그날 하루 동안 6명이 전사하고 3명이 부상을 당했다. 루바르트는 그 즉시 기사십자장을 받고 소위로 임관되었다.

스당의 1기갑사단 구역에서는 뫼즈강을 도하하는 임무가 그로스도이칠란트연대에게 부여되었다. 정예부대인 이 연대는 언제나 독립부대로 전투에 참가했으며, 2월부터는 구데리안이 프랑스 방어선을 뚫기 위해 이 부대를 사용했다. 의전행사에 익숙했기 때문이 이 연대는 구데리안으로부터 “야간에 전

1기갑사단의 Sd Kfz 232.(부르스 컬버의 삽화)

진하는 것보다 잠자는 데 더 익숙한 보병"이라는 혹평을 받기도 했다. 이 문제를 놓고 연대장인 그라프 폰 슈베린 중령은 다시는 그런 일이 없을 것이라며 구데리안과 샴페인 내기를 했다. 따라서 4월부터 이 연대는 혹독한 훈련을 받았으며 당연히 여기에는 도하 훈련과 야간 공격 훈련이 포함되어 있었다.

공격 개시 시간 직전에 실제 도하 선두부대로 선발된 중대들이 뫼즈강에서 약 1킬로미터 정도 떨어진 플로앵(Floing)을 출발했다. 도하점은 강을 내려다보는 의복공장 근처로, 강가에 도달할 때까지 프랑스군의 대포는 침묵을 지켰다. 그러다 독일군이 은폐 진지를 벗어나 공격단정을 들고 돌진하자, 사격이 시작되었고 공병들은 강을 건널 수 없었다. 돌격포까지 동원되었지만 대안에 있는 벙커 방어선의 사격을 잠재우지는 못했다. 그래서 이번에는 88밀리미터 대공포를 동원했는데, 이 역시 벙커에서 날라오는 사격을 잠재우지는 못했다. 프랑스군의 총탄이 강물 위로 날라 다녔다. 더 많은 보트들을 강

기슭으로 운반했지만 물 위에 띄울 수는 없었다. 이 무렵 두 번째 88밀리미터 대공포를 교전에 동원했고 곧이어 선두 중대의 일부가 대안에 도착하는 데 성공했다. 그로스도이칠란트연대의 후속 중대가 신속하게 그 뒤를 따랐다. 2개 중대는 전투를 벌이며 스당에서 동쉐리로 이어지는 주도로를 향해 전진했고, 이곳을 지키던 많은 벙커들을 점령했다.

약 17:00시경 발크(Balck) 중령의 1보병연대 소속 병력과 1기갑사단의 차량화 보병들이 합류해 고지대에 있는 목표물을 공격했다. 몇몇 지점에서는 전투가 대단히 격렬했지만, 해가 질 무렵 독일군은 목표 지점을 확보했고, 1기갑사단은 상당히 강력한 교두보를 확보해 예하 6개 대대가 강력한 진지를 구축했다. 또한 요충지인 마르페 고지대의 대부분을 장악했다. 그 동안 모터사이클대대가 이주(Iges)에서 뫼즈강의 만곡부를 도하해 강으로 형성된 일종의 반도를 소탕하고 발크의 부대에 합류했다.

아직 뫼즈강을 건넌 전차가 하나도 없었기 때문에, 구데리안은 전차의 도하를 작전의 최우선으로 삼았다. 오후가 절반 정도 흘렀을 때, 공병들이 도착했고 그들이 장비를 하역하는 동안 연합군의 공습이 시작되었지만, 이미 기관총 9문이 사격 준비를 완료하고 대기 중이었다. 연합군이 투하한 폭탄은 목표물을 맞추지 못했다. 이어서 프랑스 대포가 사격을 시작했지만, 독일군 전투기가 탄착관측기를 없애는 바람에 포탄은 공병들이 주교를 조립하고 있는 장소에서 수십 미터 벗어난 지점에 떨어졌다. 자정 무렵, 16톤을 지탱할 수 있는 주교가 완성되어 전차들이 도하를 시작했다.

5월 13일 아침, 뜻밖에도 2기갑사단은 빠르게 전진하더니 오후 중반 무렵에는 동쉐리에 도달했다. 이곳이 도하 예정지였지만 전차들이 뫼즈강의 제방에 도달했을 때, 집중적인 포화가 떨어지기 시작했다. 비록 꼼짝할 수 없기는 했지만, 전차들은 전투공병들이 공격단정을 출발시킬 수 있도록 지원했다. 첫 번째 단정과 이어서 두 번째로 출발한 단정이 포격으로 부서지면서 잠시 도하 시도는 중단되었다. 한동안 양측의 사격전이 전개되다가 마침내 벙커들

프랑스군이 전차를 숲 속에 숨겨놓고 대기 중이다.

이 침묵했고 공병들이 도하에 성공했다. 방어선 한 곳에 구멍이 뚫렸고 이 구멍은 점점 더 커졌다.

일부 프랑스군의 감투정신에도 불구하고 영구방어진지의 상당 부분이 아직 미완성 상태였고, 일단 독일군이 방어선 돌파에 성공하자, 그들의 증원병력이 밤새 그곳을 통과했다. 2기갑사단에 내린 구데리안의 명령은 명확하면서도 과감했다. 동쉐리 후방의 고지대를 점령하고 그 즉시 서쪽으로 선회하여 아르덴 운하를 건너 뫼즈강에 연해 있는 적의 방어선을 뒤흔들었다. 그들의 방어선은 상당히 강해 보였지만 불길한 일이 벌어지기 일보 직전이어서 상황은 독일군에게 유리하게 전개되었다.

라퐁텐의 55사단은 포병의 강력한 지원을 받으면서 라 마르페에 이상적인 천연 진지를 점령하고 있었다. 사단의 일부 병사들은 불굴의 무용을 발휘하면서 많은 벙커들을 결사적으로 방어했다. 하지만 개활지의 상황은 이와는 완전히 달라서 그들은 그저 녹아내린 것처럼 사라져버렸다. 그 동안 독일군의 도하 소식은 단편적이었으나, 5월 13일 오후가 되자 욍치제르는 우려할 만한 상황을 들을 수 있었다. 하지만 18:30시에 그랑샤르는 쇼몽(Chaumont)에 있는 포대 지휘관으로부터 라 마르페에서 독일군 전차를 목격했다는 보고를 들었다. 얼마 지나지 않아 뷜송(Bulson)에서 군단 중포

포대를 지휘하는 대령이 자신의 지휘관(퐁슬레Poncelet)에게 전화로 상황을 보고했다. 대령은 자신의 지휘소에서 불과 400미터 떨어진 곳에서 격렬한 전투가 벌어지고 있으며, 독일군은 기관총으로 공격하고 있고 지휘소도 곧 포위될 위기에 처해 있다고 했다. 이어서 그는 후퇴해도 되는지를 물었다. 퐁슬레는 후퇴를 허가했고, 자신도 뷜송 뒤쪽으로 지휘소를 철수시키며 자신의 모든 포대에게 후퇴 명령을 내렸다. 뫼즈강의 서안에는 단 1대의 독일 전차도 보이지 않았고, 뷜송 주변까지 진출하는 데 성공한 독일 보병은 확실히 없었다. 퐁슬레 대령은 그날 저녁 원위치로 복귀하라는 명령을 내리고 12일 뒤에 자살까지 하지만, 이미 초래된 심각한 결과는 돌이킬 수 없었다.

라퐁텐의 사단 본부는 뷜송 바로 뒤에 있었다. 독일군의 첫 번째 도하가 성공하고 약 3시간이 흐른 뒤, 그는 라 마르페를 증원하기 위해 1개 대대를 파견했다. 그때 갑자기 공포에 질린 무리들이 도로를 따라 달려왔다. 그들은 이렇게 외쳤다. "전차가 뷜송에 나타났다!" 그 속에는 장교들도 있었고 포병들을 비롯해 55사단 보병도 일부 끼어 있었는데, 그들은 모두가 한데 뒤섞여서 자신이 가지고 있는 소총을 마구 쏴대고 있었다. 다수가 뷜송과 쇼몽에서 독일군 전차를 봤다고 주장했다. 더욱 안 좋은 사실은 장교들이 실제로 후퇴 명령을 받은 것처럼 행동한다는 데 있었다. 라퐁텐 장군과 그의 장교들은 이 오합지졸 무리들이 제정신을 차리게 만들려고 노력했다.

그러나 모든 노력이 허사였다. 이제 라퐁텐도 그랑샤르에게 사단 지휘소를 쉐메리(Chémery)로 후퇴시킬 수 있도록 허가해 달라고 요청했다. 하지만 쉐메리에서 그가 발견한 것은 더욱 악화된 상황이었다. "…… 도망자들이 홍수를 이뤄 끊임없이 마을을 지나가고 있었다. 사단의 모든 제대들이 이 마을로 몰려들었다. 전투부대를 비롯해 연대본부, 보급종대, 주차된 차량들 모두가 남쪽으로 향했고 대열은 낙오자들로 혼란스러웠다. 마치 마법에라도 걸린 듯 그들의 장교들은 태연하게 후퇴하라는 명령을 받은 것처럼 행동했다."

한편 그랑샤르는 뷜송과 쇼몽에 독일군 전차가 출현했다는 소식을 71사단장인 보데 장군에게 전했다. 보데는 로쿠르에 설치한 지 얼마 되지도 않은 자신의 사단본부를 다시 5킬로미터 혹은 6킬로미터 후방으로 옮기기로 하고 사단의 포병 지휘관을 대동하고 출발했다. 하지만 명령권자가 없었기 때문에 대포 다수가 유기되고 심지어는 파괴되는 사태가 발생했다. 어느 보고서에는 이렇게 기록되어 있다. "……75밀리미터 곡사포 포대의 경우는 4개 포대 중 3개 포대가 유기되었고, 중포포대의 경우는 6개 포대 중 4개 포대가 유기되었다." 363연대의 베네디티(Beneditti) 소령은 후퇴 명령을 받았다고 주장하면서 후퇴하는 인간의 홍수를 거슬러 가면서 그날 밤 내내 인력으로 포를 끌고 전방으로 전진했다. 그러나 이와 같은 베네디티 소령의 모범을 따르는 포대 지휘관은 너무나 적었다.

| 5월 14일 |

그랑샤르 장군은 4전차대대 및 7전차대대와 보병 205연대 및 213연대를 예비로 보유하고 있었고, 이들을 라퐁텐의 지휘하에 두었다. 한편 3기갑사단과 3차량화사단이 도착해 욍치제르의 지휘하에 들어왔다. 14일 01:30시에 라퐁텐은 4개 예비연대에 04:00시부터 양 갈래로 역습을 감행하라고 명령했다. 이것을 성공하게 되면, 독일군은 아주 중요한 전차의 지원 없이 전투를 할 수밖에 없는 상황에 처하게 될 터였다.

그러나 역습은 없었다. 라바르트(Labarthe) 중령은 반대 방향에서 피난민이 쏟아져 나오는 상황에서 자신의 213연대를 전진시키고 싶지 않다는 이유를 들어 라퐁텐을 설득하는 데 성공했고, 7전차대대는 아예 명령을 받지 못했다고 주장했다. 205연대는 후퇴하는 병력으로 가득한 차량 대열에 막혀 있었다. 차에 탄 병사들은 이렇게 외쳤다. "보쉬(Boche: 프랑스가 독일 사람을 경멸조로 부르는 별명—옮긴이)들이 저기 있다. 앞으로 가지 마!" 그 다음에는 전령에게 저지당했다. 마지막으로 4전차대대는 쇼몽에 독일군 전차가 있다는 어느 참모장교의 말을 듣고 밤 동안 멈춰 서기로 결정했다. 결국 역습은 07:00

급하게 마련한 참호 속에 프랑스군의 중포가 보인다.

시까지 수행되지 않았고, 이 무렵에는 이미 독일군의 전반적인 상황이 완전히 바뀐 상태였다.

중앙에서는 발크 중령이 피로에 지친 병력을 집결시켜 남쪽으로 6킬로미터 행군했다. 동이 틀 무렵, 그들은 쉐에리(Chéhéry)에 도달했다. 한편 구데리안의 좌익에서는 71사단 포병대의 포탄이 떨어지는 가운데 도하작전이 본격적으로 진행되었고, 공병들은 10기갑사단을 위한 주교를 가설하고 있었다. 전차들이 도하하면서 교두보는 폭 5킬로미터에 깊이 10킬로미터로 확대되었다.

5월 13일에 라인하르트의 41군단은 몽테르메(Monthermé)에서 정지해 이틀 동안 있었다. 스당의 구데리안 구역과는 달리, 라인하르트에게는 공군의 항공지원이 적게 할당되었고, 상대하는 프랑스군 역시 정규군인 102요새사단이었다. 게다가 이들은 전쟁이 시작된 이래로 요새 안에서 편하게 전투 태세를 갖추고 있었다. 하지만 코라프가 샤르빌-메지에르(Charleville-Mézières) 간격이 가장 취약한 지역이라고 생각하여 자신의 포병 대부분을 그 지역에 배치하자, 42식민지 기관총 반여단만이 몽테르메를 방어했다. 이곳은 고지대가 물길을 향해 서서히 하강하며 수십 미터 높이의 경사지를 형성했다. 뫼즈강은 이곳 몽테르메 지협을 빙 돌아 흘렀고 부서진 다리의 대들보는 물에 반쯤 잠겨 있었다. 다른 곳과 비교했을 때 도하점으로는 적절치 않았다. 전진하여 은폐된 프랑스 벙커를 향해 사격하라는 명령이 3호 전차와 4호 전차에 떨어졌다. 하지만 4보병연대 소속 병사들이 고무보트를 들고 강가로 달려나오자, 맹렬한 사격이 시작되었기 때문에 보트를 물에 띄우는 것은 불가능했다. 결국 카페 밑에 조심스럽게 위장한 벙커 하나를 발견하고 이를 전차로 파괴했다. 이때 우연히도 상류에서 출발한 몇몇 보트들이 붕괴된 다리의 교각 사이로 표류해왔다. 그들은 그것을 이용해 프랑스군의 사격을 피할 수 있었던 것 같았다. 신속하게 공병들은 이 기회를 이용했고 널빤지를 밧줄로 묶어서 인도교를 세웠다. 이어서 대대의 나머지 병력이 어둠을 틈타 강을 도하했다. 일단 대안에 이르자, 그들은 참호를 파고 들어갔다. 그런데도 다음 날 전차가 도하할 수 있는 확률은 대단히 희박했다.

네덜란드에서는 네덜란드군이 로테르담 외각에 있는 9기갑사단과 5월 13일에 벌어진 일 때문에, 완전히 고갈 상태에 빠졌다. 다른 곳에서는 지로의 7군이 스헬데(Scheldt)강 어귀 근처로 물러났으며, 동시에 벨기에군이 딜강 뒤로 물러나 영국 원정군과 나란히 전선을 형성했다. 따라서 프리유의 기병군단이 정면에 나서서 독일군 3기갑사단과 4기갑사단의 전차들과 교전을 벌였으며, 이날 하루 종일 이들의 경기계화 사단을 공격했다. 메르도르프(Merdorp) 주변에서 격렬한 전투가 벌어졌고 양측이 모두 심각한 피해를 입었다. 프랑스군은 끈질기게 싸웠지만, 소부대로 분산된 채 교전에 임하는 경우가 너무 잦았고 의표를 찔리는 경우도 많았다. 한편 독일군은 프랑스의 소뮈아 전차를 처리하는 데 애를 먹었다. 야간에 프리유는 페레즈(Perez)의 벨기에 대전차 장애물 뒤에 자신의 전차들을 집결시켰다.

프랑스 상공을 초계비행 중인 허리케인 전투기 편대.

그날 저녁 조르주 장군은 두멘 장군에게 5월 14일에 회담을 가질 것을 요구했다. 조르주 장군은 심각할 정도로 얼굴이 창백해졌다. 그는 선언했다. "우리의 방어선은 스당에서 밀려나고 있다! 우리는 그곳에서 도하 저지에 실패했다……." 그는 의자에 털썩 주저앉더니 조용히 흐느꼈다. 하지만 가믈랭은 조르주의 심리 상태를 이해할 수가 없었다. 실제로 조르주는 이렇게 보고하지 않았던가? 2군이 전선을 '유지' 하고 있으며, 덧붙여 "우리는 이곳 상황을 진정시켰다"라고 말이다.

롬멜의 구역에서 프랑스 14차량화기병사단이 공격을 개시해 오-르-와티아의 마을을 탈환했고 독일군 모터사이클대대 병사 몇 명을 생포했지만, 그 뒤에는 후퇴했다. 한편 7보병연대는 밤새 전진해 옹아예(Onhaye)에 도달했고, 그들은 이곳에서 격렬한 교전을 치렀다. 그 뒤에 롬멜은 7보병연대장 비스마르크(Bismarck)로부터 무선 전문을 받았는데, 거기에는 그가 '포위' 되었다고 적혀 있었다. 실제로 그것은 암호 조립 과정에서 실수한 것으로, 원래는 '도착' 했다는 내용이었다. 하지만 롬멜은 그 사실을 알지 못했기 때문에 뫼즈강을 도하한 소수의 전차를 대동하고 급히 전진했다. 옹아예는 전략적으로 중요한 고지대였다. 서쪽으로 필리프빌(Philippeville)를 향해 개활지와 북프랑스의 평원이 직접 연결되어 있었다. 롬멜은 3호 전차에 탑승하고 있었는데, 그가 탄 전차가 선두 전차 바로 뒤를 쫓아가다가 선두 전차가 대전차포에 피격당해 경사지로 미끄러졌다. 그 바람에 롬멜이 탄 전차는 프랑스군에게 완전히 노출되어버렸다. 아슬아슬하게 다른 전차의 발연통에서 나는 연기 속에 숨어서 롬멜은 전차에서 빠져 나왔다. 고지대는 그날 오후에 점령했다.

독일군 보병.(리처드 가이거의 삽화)

만약 프랑스 1기갑사단이 5월 13일 아니 5월 14일이라도 옹아예에서 롬멜을 공격했다면 전황이 얼마나 달라졌겠는가! 1기갑사단이 보유한 150대 전차 가운데 절반이 'B' 전차였지만, 반면에 그들은 장갑차나 통신부대는 갖고 있지 않았다. 그들은 고생 끝에 샤를루아에 도착했지만, 5월 13일에는 아무런 활동도 하지 않았다. 왜냐하면 빌로트는 장블루의 틈을 더 걱정했기 때문이다. 그러다가 13/14일 자정에 플로렌(Florennes)으로 이동하라는 명령을 받았다. 하지만 도로가 혼잡하여 32킬로미터를 이동하는 데 7시간이나 걸렸다. 게다가 연료도 부족해 3개 대대가 집결을 완료했을 때는 이미 자정이 가까워져 있었다. 연료차를 후방으로 보냈지만, 사단이 5월 15일 아침에 공격에 나설 수 있을지는 의문이었다.

옹아예 전면에서는 4북아프리카사단이 잘 싸웠지만 동이 틀 무렵 독일군이 전차와 함께 전진하면서 39연대의 대대를 우회했다. 66연대의 잔여 병력은 독일 공군의 공습에 압도당했다. 따라서 방어선은 회복이 불가능할 정도로 붕괴되어 프랑스군은 앙테(Anthée)-소주예(Sosoye) 방어선으로 후퇴했다.

하지만 그것이 최악은 아니었다. 디낭 북쪽, 이브아르(Yvoir)에서 독일군 보병사단 하나가 도하했고 동시에 다른 사단 하나가 기베트에서 뫼즈강을 도하했다. 이곳에서는 사령관이 부재중인 틈을 타서, 프랑스군 참모장이 22사단에게 대략 10킬로미터 후방으로 후퇴하라는 명령을 내렸다. 코라프는 분노해서 즉시 반격을 명했지만, 이미 때는 늦었다. 22사단 병사들의 사기는 급격히 떨어졌고, 곧 사단 자체가 붕괴되었다.

한편, 롬멜의 전차들은 옹아예를 지나 전진을 계속했고 해질 무렵에 앙테에 도달했다. 그 뒤에는 점점 더 많은 전차들이 주교를 건너왔다. 전방의 프랑스군은 아직 격렬한 저항을 계속하고 있었지만, 마르탱 장군은 18사단과 22사단의 상태를 우려해 군단에게 플로렌을 통과하는 방어선으로 후퇴하라는 명령을 내렸다.

훨씬 더 남쪽, 몽테르메에서는 102요새사단의 식민지 기관총 반여단의 병사들이 계속해서 도하에 성공한 독일군 보병에게 반격을 가하고 있었다. 강에 건설했던 인도교는 대포 사격으로 파괴되었다. 그러자 6기갑사단장 켐프는 라인하르트에게 상황을 호전시킬 수 있는 가능성이 별로 없어 보인다고 보고했다. 전차를 도하시키기 위해 주교를 건설해야 한다는 것은 너무도 당연한 일이었다.

몽테르메와 샤르빌(Charleville) 중간에 누종빌이라는 마을이 있는데, 이곳에서 하세(Hasse) 장군의 3군단 소속 2개 보병사단은 뫼즈강에 도달했지만, 102요새사단의 위력적인 사격을 받았다. 하지만 두 보병사단은

프랑스 대전차포와 포대원들.

2기갑사단의 Sd Kfz 231장갑차.(부르스 컬버의 삽화)

세 번에 걸친 도하 시도 끝에 결국은 대안에 교두보를 확보하는 데 성공했다.

이제 다시 스당으로 돌아가보자. 구데리안의 공격 방향에 변화가 생긴 지점이 바로 이곳이다. 1기갑사단 소속 전차 다수가 동이 틀 무렵 이미 강을 건넜고, 더 많은 전차들이 다리를 건너기 위해 열을 지어 대기 중이었다. 전차들은 쉐에리와 빌송 방향으로 전진했다. 이 마을은 또한 두 집단의 프랑스 역습부대가 목표로 삼은 곳이기도 했다. 오른쪽 공격 축은 4전차대대와 205보병연대였지만, 아직 준비를 끝내지 못한 상태였다. 따라서 7전차대대와 라바르트의 213보병연대만이 전진하고 있었다. 이는 독일군 기갑부대를 맞아 단편적인 공격밖에 할 수 없었다. 보병연대는 대전차무기가 단 하나도 없었고 포병 지원은 확실하지 않았다. 반면 7전차대대는 FCM 36경전차에 무장은 고작 37밀리미터 전차포가 전부였다. 쉐에리에 접근하면서 대략 08:00시에 7전산악 행군 훈련 중에 공격하는 독일군의 모습.

차대대가 재급유 중에 있던 독일군 1호 전차 몇 대를 기습하면서 잠시 교전이 벌어졌다. 독일군 전차 2대가 파괴되었고 켈트쉬(Keltsch) 대령은 중상을 입었다.

잠시 뒤 조르주는 가믈랭에게 다음과 같이 보고했다. "……스당의 돌파구는 봉쇄되었고, 강력한 대형을 갖춘 부대의 역습이 04:30시에 있었다." 하지만 상황은 다시 변해서 독일군 전투공병들이 전차의 무한궤도 밑에 성형폭약을 집어넣고 폭파시켜 프랑스군 지휘관이 전사했다. 또한 대전차포 몇 문과 88밀리미터 대공포 2문이 교전에 쓰였고 더 많은 1기갑사단의 전차들이 집결해 프랑스군을 포위하려고 했다. 콘나주(Connage)에서는 프랑스 전차 15대 중 11대가 파괴되었고, 독일군 전차는 213연대의 노출된 측면을 뚫고 들어가 엄청난 피해를 입혔다. 연대는 후퇴했고 뷜송 근처의 고지대에 자리 잡은 프랑스 전차들도 위치를 고수할 수 없었다. 7전차대대는 보유 장비의 절반 이상을 잃고 후퇴할 수밖에 없었다. 라퐁텐은 21:30시가 되어서야 이들이 실패했다는 보고를 받았고, 오른쪽 공격을 담당한 부대에게도 로쿠르(Rocourt) 후방으로 후퇴할 것을 명령했다. 이제 55사단은 더 이상 존재하지 않았고 이틀 뒤에는 라퐁텐도 사단장에서 보직 해임되었다.

이제 똑같은 운명이 71사단에 떨어질 차례였다. 보데 사단장은 지난 14시간 동안 두 번이나 사단 본부를 옮겼고 그 과정에서 예하부대와 연락이 완전히 두절되었다. 로쿠르를 고수하고 있는 205연대를 제외하고 71사단도 서서히 붕괴되고 있었다. "우리 좌익과 배후에 전차가 나타났다!"라는 비명이 이 집단에서 저 집단으로 퍼지면서 포병대를 휩쓸었고 곧 그들도 도주하는 병사들의 홍수에 합류했다. 아침 내내 그랑샤르는 윙치제르와 통화를 시도했지만, 교환병은 응답을 하지 않았다. 그의 통신장교가 허가도 없이 교환 장치를 철수시켰던 것이다. 그의 포병대도 오직 중포 2문만 남았고, 유일하게 건재한 조직인 3북아프리카사단은 18군단으로 전속되었다. 그랑샤르의 군단에 남아 있는 부대는 모두 플라비니(Flavigny) 장군의 휘하에 들어갔고, 3기갑사단과 3차량화사단으로 새로 구성된 21군단은 스당으로 이동하라는 명령을 받았다.

아침이 지나자, 구데리안은 자신의 전선에서 어떤 일이 벌어지고 있는지를 판단할 수 있었다. 라퐁텐이 시도한 역습이 실패했고 그것을 대신하는 공격이 즉시 뒤따르지 않는 점으로 봐서 프랑스군의 전력이 약화됐음이 분명했다. 그는 차를 타고 1기갑사단을 방문했는데, 당시 사단은 쉐메리와 메종셀(Maisoncelle)을 잇는 선상에 있었다. 거기서 구데리안은 키르히너 사단장에게 공격 방향을 서쪽으로 선회시키라고 지시하면서 아르덴 운하에서 남쪽을 방어하는 후위 부대를 남겨두어야 할지를 물었다. 그 질문에 벤크(Wenck) 소령이 이렇게 말했다. "클로첸, 나히트 클레케른(Klotzen, nicht kleckern)", 즉 "힘껏 내리쳐라, 툭툭 건드리지 말고." 구데리안은 즉시 1기갑사단과 2기갑사단에게 서쪽으로 방향을 전환하여 프랑스의 방어선을 돌파하도록 명령을 내렸다. 그는 위험을 감수하기로 하고 예비로 프랑스 증원병력을 남겨두지 않았다. 독일 정보부가 프랑스 증원군이 이동 중임을 경고했는데도 말이다. 하지만 스톤(Stonne)은 독일군의 남쪽 측면에서 가장 핵심적인 지점이었으므로, 구데리안은 여기에 10기갑사단과 그로스도이칠란트연대를 남겨두었다. 대신 키르히너에게는 극적인 명령을 내렸다. "우선회하라. 르텔(Rethel)로 가는 도로표시를 따라가라!"

구데리안이 향하고 있는 바르(Bar)강 전선을 지키고 있는 프랑스군은 5DLC와 1기병여단으로 구성되어 있었다. 2개 부대 모두 아르덴 숲에서 상당히 많은 피해를 입었었다. 3스파히여단과 이름뿐인 53사단(B급 부대)도 있었지만 이들은 이틀에 걸쳐 행군과 역행군을 감행했기 때문에 5월 14일 전투에 맞춰 도착할 수 없었다. 프랑스 기병은 용감하게 싸워서 독일군의 진군을 상당히 지연시켰지만 14일 저녁에 발크의 보병들은 목표인 싱글리(Singly)에 도달했다. 1기갑사단의 전차들도 또한 교전을 벌였고 이에 따른 손실로 인해 사단 보유 전차들 중 4분의 3만이 작전 가능한 상태가 됐다. 하지만 그들이 거둔 성과는 대단했다. 포로 3천 명과 전차 50대, 포 28문을 노획했던 것이다.

그 동안 프랑스 3기갑사단과 3차량화 사단은 힘겹게 스당으로 이동 중이었다. 3기갑사단은 신편 부대로 호치키스 H-39경전차 2개 대대를 보유했다. 이 기갑사단은 사기는 높았지만, 훈련을 시작한 것은 5월 1일부터였다. 이동을 하는 과정에서 상당한 지연이 있었다. 도로와 교량에 손상이 컸지만 그것을 수리할 수 있는 공병이 없었기 때문이다. 또한 육중한 'B' 전차는 엔(Aisne)강을 건너는 데도 문제가 있었다. 또 전선에 가까워질수록 더 많은 피난민들이 생겼는데, 그들이 서둘러 피난에 나서면서 끌고 나온 온갖 종류의 이동수단 때문에 도로가 꽉 막혀버린 것도 문제였다. 기갑사단이 결국 스톤 뒤에 있는 집결지에 도달한 것은 5월 14일 06:00시였다. 여기서 이들은 서로 상반되는 명령을 받았다. 적의 교두보를 봉쇄하라는 것과 가능한 한 가장 빠른 시기에 역습을 감행하라는 명령이 그것이었다. 3기갑사단 사단장은 플라비니 장군에게 사단은 이제 막 48킬로미터의 야간행군을 마친 상태이며, 약 10시간 이내에는 공격 준비를 마칠 수 없다는 사실을 지적했다. 그는 16:00시를 공격 개시 시간으로 제안했지만, 플라비니는 11:00시로 못 박았다. 그런데 이것이 연료 보급 때문에 13:00시로 연기되었고, 다시 독일군의 공습과 밀려오는 피난민 행렬 때문에 결국 16:00시에 공격 준비를 완료할 수 있었다. 한편 3차량화사단은 심지어 3기갑사단보다도 이동이 더 지연되어 결국 3개 정찰대만 도착한 상태였다.

욍치제르는 사령부를 베르될으로 옮겨 플라비니만 세뉘크(Senuc)에 남았다. 여기서 그는 공격은 포기하고 적을 봉쇄하는 데 주력한다는 운명적인 결정을 내리게 된다. 이 방침은 15:30시에 결정했고, 3기갑사단은 바르강 서쪽의 오몽(Omont)에서부터 스톤에 이르는 약 20킬로미터의 전선에 흩어져야만 했다. 'B' 전차 1대와 H-39전차 2대가 조를 이루어 일련의 봉쇄선을 형성했다. 19:00시, 욍치제르의 참모장은 조르주에게 기술적인 이유로 공격이 연기되었다고 보고했다. 잠시 후에 욍치제르는 이렇게 말했다. 적의 전진은 "……플라비니의 부대가 뫼즈강과 아르덴 운하 사이에서 저지했다." 이에 대해 조르주는 날카롭게 대답했다. "다음 날 공격은 계속돼야 한다."

이리하여 욍치제르는 매우 의기소침해졌고, 구데리안의 부대가 마지노선을 우회하여 북에서부터 요새의 후방으로 밀고 내려오려 한다고 판단하는 치명적인 실수를 저질렀다. 그는 이에 대응하기 위해 자신의 전선 중심에서부터 좌익을 형성하는 부대들을 뒤로 선회시켜 이노(Inor)까지 후퇴하는 계획을 세웠다. 다시 말해, 그는 프랑스 9군으로부터 멀어짐으로써 구데리안이 이용하려는 그 간격을 더욱 넓히려는 것이었다.

5월 14일 저녁, 심지어 코라프 또한 그 간격을 더 넓힌다는 결정을 내렸다. 빌로트와의 통화에서 그는 최초에 출발했던 프랑스 국경의 진지로 후퇴할 계획이라고 보고했다. 빌로트는 원칙적으로 동의하면서도 샤를루아와 르텔을 연결하는 도로를 따라 '중간 저지선'을 대략적으로라도 설정하라고 말

프랑스의 호치키스 2.5 센티미터 대전차포.

했다. 하지만 이 결정은 더 많은 혼란만 초래했다. 일부 부대는 마르탱 장군의 명령에 따라 플로렌 뒤로 이동했고, 일부는 중간 저지선으로 후퇴했으며, 일부 부대에는 명령 자체가 하달되지 않아 그저 싸우면서 서쪽으로 밀려만 갔다.

5월 14일, 영국군 페어리 배틀 폭격기 10대가 스당의 주교에 공습을 가하고 아무런 손실을 입지 않은 채 귀환했다. 하지만 이 이른 아침의 공습은 최소의 피해만 주는 데 그쳤고, 그것은 재빨리 복구되었다. 이어서 오전에 프랑스 공군이 두 차례 공습을 가했다. 목표는 뫼즈강 서안과 스당 외각의 독일군 집결지였다. 폭격기 6대가 격추되었지만, 그들이 입힌 피해는 이번에도 무시할 수 있을 정도의 수준에 그쳤다.

오후가 되자, 바랫은 가용한 모든 블렌하임과 배틀 폭격기를 동원했는데, 총 71대였다. 이 중 40대가 귀환하지 못했는데, 이는 프랑스 전투에서 영국 공군이 하루 동안 입은 최대 손실이었다. 250대에 약간 못 미치는 수의 연합군 전투기가 호위작전에 참여했다. 이에 비해 독일 공군은 비행기 814대를 동원했다. 하지만 폭격기에 가장 많은 피해를 입힌 것은 주교 주변에 집결해놓은 대공포들이었다. 그것들은 비좁은 목표물을 명중시키려는 연합군 조종사의 시도를 절망적으로 만들었다. 주교들은 파괴되지 않았기 때문에 뫼즈강을 건너는 보급품의 이동은 지연되기는 했지만 결코 멈추지는 않았다.

그날 아침, 독일과 네덜란드 대표단이 정전 협정을 위한 협상을 시작했다. 하지만 14:00시에 He 111폭격기 60대가 로테르담 구시가지를 폭격해 불과 20분 만에 거의 900명에 달하는 사망자를 냈고, 네덜란드는 그날 저녁 항복 문서에 서명했다. 훨씬 더 남쪽에서는 영국 원정군이 교전 중이었는데 몽고메리(Montgomery)의 포병들이 루뱅(Louvain)을 점령하려는 폰 보크 예하 보병들의 시도를 좌절시켰다. 한편 프리유의 전차들은 벨기에 대전차 장애물을 돌파하려는 회프너(Hoepner)의 단호한 공격을 물리쳤지만, 그들 또한 상당한 손실을 입었다. 이제 기병군단은 블랑샤르의 주전선 뒤로 후퇴했다.

| 5월 15일 : 독일군 돌파구 확대 |

5월 15일, 롬멜은 7사단에 '한걸음에 직선으로 돌파' 하여 필리프빌에서 12킬로미터 서쪽에 있는 세르퐁텐(Cerfontaine) 지역까지 진출하라는 명령을 내렸다. 롬멜은 전차를 타고 이 진격의 선두에 섰다. 08:00시경 공군이 슈투카 급강하폭격기를 지원한다는 소식을 들었다. 그는 그 즉시 슈투카를 불러들여 바로 자신의 앞에서 작전하도록 조치했다. 그러는 도중 롬멜의 종대는 프랑스 기갑사단의 전차들과 맞닥뜨렸는데, 그들은 유조차를 기다리고 있었다. 2개 대대의 'B' 전차들이 가까운 거리에서 발견되었고 격렬한 전투가 시작되었다. 우월한 화력으로 무장한 프랑스 전차 1개 중대가 역습하여 독일군에게 상당한 피해를 입혔지만, 롬멜은 추격을 중단하고 5기갑사단에게 마무리를 맡겼다.

프랑스 지휘관인 브루노(Bruneau)는 전차들에게 플로렌 북쪽에 재집결하라고 명령했지만, 때는 이미 늦어서 베르너의 5기갑사단이 그들을 노리고 있었다. 오후 늦은 시간이 되자, 프랑스 1기갑사단은 'B' 전차가 6대만 남았고,

사단의 1개 경전차대대만 교전에 참가했으나, 그들 또한 심각한 손실을 입었다. 프랑스군은 결연하게 싸웠고 독일군 전차 100여 대를 파괴했다고 주장했다. 그러나 아마 과장된 주장일 것이다. 하지만 다음 날 브루노가 전선 후방에서 자신의 사단을 봤을 때, 거기에는 전차가 단 16대만 남아 있었다. 나머지 전차들은 이런저런 이유로 후퇴에 성공하지 못했던 것이다.

한편, 롬멜은 평지로 나와 필리프빌을 향해 진격했고 12킬로미터 더 뒤에 있는 세르퐁텐을 노렸다. 모든 일은 빠르게 진행되었다. 전차가 사격을 당할 때에도 바로 사격으로 대응하며 진격해나갔다. 이와 같은 즉각적인 행동은 그의 종대를 정지시키려는 어떤 수단에도 잘 먹혀들었다. 그들은 프랑스군 포로들을 모아서 그들의 대열 옆에서 함께 전진하거나 아니면 무장을 해제시키고 그저 독일군 후방을 향해 행군하라고 지시했다. 두 기갑사단의 병사들은 매우 지친 상태였고 그들의 차량도 점검이 필요한 상태였지만, 롬멜은 하루 종일 진격을 멈추지 않았다. 롬멜은 자신의 전공에 무척이나 의기양양했다. 그의 손실은 전사 15명에 불과했지만, 적 전차 75대를 파괴 혹은 노획했고 수많은 포로를 잡았다. 그의 전공이 더욱 빛날 수밖에 없었던 이유는 프랑스군이 저지선을 형성하기 위해 부분적인 병력 배치를 진행하고 있는 단계에서 이미 그것을 돌파해버렸기 때문이다. 이러한 그의 진격이 프랑스 9군에게는 결정타로 작용했다.

독일 공군에게 몰리는 가운데 9군 예하 각 연대들의 잔여 병력들은 처음에는 그래도 어느 정도 질서를 유지하며 후퇴를 시작했지만, 결국은 무질서한 상태로 끝을 맺었다. 18사단과 22사단 모두 완전히 사라져버렸고, 4북아프리카사단은 앙테에서 용감하게 저항했지만 상셀므(Sancelme) 장군이 포병을 전부 철수시킨 뒤에는 필리프빌에서 궤멸적인 타격을 입었다.

몽테르메에서는 5월 15일 새벽, 포병의 지원 사격의 뒤를 이어 6기갑사단 소속 독일 보병과 공병이 공격을 개시했다. 화염방사기를 이용해 벙커지대를 돌파했고, 08:30시가 되자 프랑스군의 예비 진지를 점령했다. 이 무렵 뫼즈강

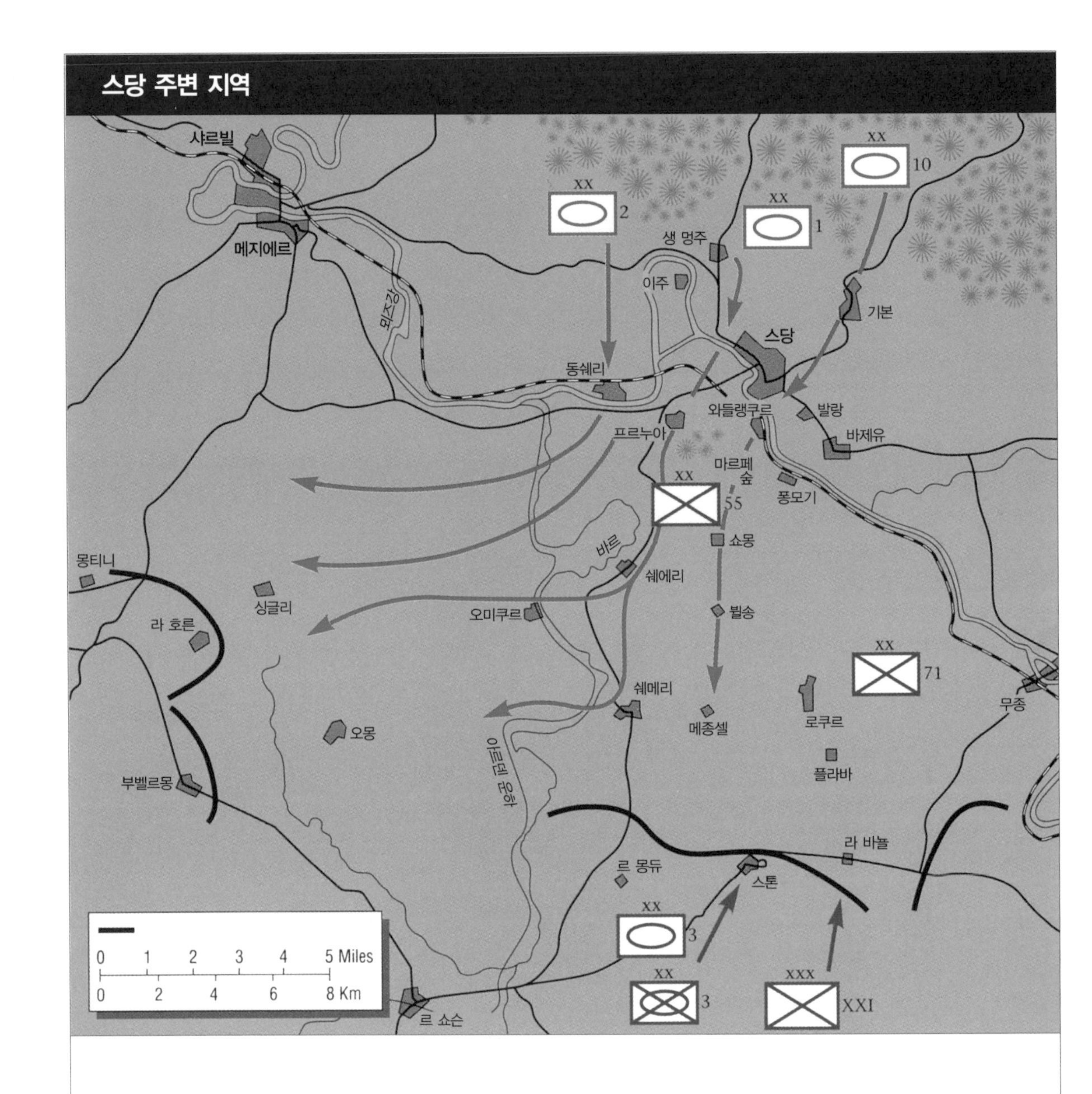

의 주교가 완성되어 6기갑사단의 전차가 도하할 수 있게 되었다. 상류로 더 올라간 지점에서는 보병사단이 8기갑사단의 도하를 위해 주교를 세우고 있었다. 이때부터 독일군 내부에서는 각 사단들 사이에 속도 경쟁이 시작되었다. 자신의 방어진지에서 쫓겨난 데다가 이렇다 할 수송 수단을 갖추지 못한 102요새사단은 순식간에 압도당했고, 6기갑사단의 모터사이클들이 프랑스군 후방을 향해 질주했다. 어디서든 그들은 폐허더미와 유기된 대포, 도로에 쓰러

져 있는 인간과 말의 사체, 그리고 "주인 없이 배회하는 말들을 비롯해 심한 경우 차량과 대포, 죽은 말들이 한꺼번에 피격되어 거의 규칙적으로 형성한 장애물들"을 뚫고 나가야만 했다. 전사 기록관인 폰 슈타켈베르크(von Stackelberg)는 차량화 보병연대와 동행하다가 축음기로 "지크프리트선에서 빨래를 말리리라(We' re going to hang out washing on the Siegfried Line)"를 듣고 있는 두 독일 병사를 만났다. 그들 옆에는 한 프랑스군 대령이 망연자실한 채 자신의 옆으로 지나가는 포로의 대열을 지켜보고 있었다. 슈타켈베르크가 인터뷰한 모든 프랑스군이 "독일군 전차가 자신들을 압도할 때 보여준 신속함에 놀라움을 표현했다."

브륀아멜(Brunehamel) 인근의 도로에서는 독일군 전차 4대가 전차포로 프랑스군이 빽빽하게 타고 있는 차량 종대에 사격을 가해 불과 몇 시간 만에 포로 500명과 수백 대 차량을 노획했다. 61사단은 별로 전투를 경험하지 못한 B급 사단으로, 그들은 상당량의 차량을 보유하고 있었지만 그것을 후퇴에만 사용했다. 비록 800명의 낙오자가 결국 원대에 복귀하고 그 이후에도 일부 병사들이 복귀하기는 했지만, 61사단은 더 이상 전투부대가 아니었다. 그리고 15일 저녁이 되자, 코라프의 군단도 비슷한 신세가 되었다. 여전히 독일군 전차들은 빠르게 돌진하고 있었고, 저녁 때에는 뫼즈강에서 약 60킬로미터 떨어진 몽코르네(Montcornet)에 도착했다. 자정이 되자, 마침내 라인하르트는 몽코르네에서 17킬로미터 더 지난 지점에 있는 리아르(Liart)에서 이 행군을 멈추라고 명령했다.

스당에서는 구데리안이 1기갑사단과 2기갑사단으로 서쪽을 돌파하려고 했다. 하지만 동시에 핵심 지역인 스톤에서 자신의 좌익도 보호해야 했다. 프랑스군이 이곳으로 역습을 가해왔는데, 그것은 그 전날로 계획되었다가 연기된 바 있었다. 조르주와 욍치제르의 끊임없는 다그침에 시달린 끝에, 플라비니 장군은 11:30시에 명령을 내려 3기갑사단과 3차량화사단으로 하여금 15:00시에 공격을 개시하라고 지시했다. 공격은 프랑스군 전술교리에 따르며

〈위〉 슈투카 급강하폭격기
〈아래〉 '저 빌어먹을 슈투카가 또 나타났네! 혹시 나를 노리는 건 아닐까?'

전차의 지원을 받는 보병이 3단 도약을 실시할 예정이었다. 첫 번째 도약에서는 쉐메리-메종셀-로쿠르선을 확보하고, 두 번째 도약에서는 뷜송 남쪽의 고지대에 도달하며, 세 번째 도약에서는 마르페-퐁-모지(Marfée-Pont-Maugis)선까지 밀고 올라가는 것이다. 총지휘는 보병인 베르탱-부쉬(Bertin-Boussu) 3차량화사단장이 맡았다. 그러나 14:30시에 브로카드(Brocard)는 시간 내에 자신의 'B' 전차를 집결시킬 수 없다고 보고했다. 따라서 공격시간은 17:30시로 연기되었다.

한편 그로스도이칠란트연대는 스톤 양 측면에 있는 고지대로 전진했다. 15일 내내 전투가 이 지역을 뒤흔들었고, 마을은 수차례에 걸쳐 주인이 바뀌었다. 10기갑사단에서는 가능한 모든 보병중대들이 빠르게 전진해 프랑스군을 저지하는 데 합류했고, 전차들도 황급하게 이동하여 로쿠르로 향하는 프랑스 전차를 담당했다. 18:00시, 쉐메리에서 프랑스군이 또 다른 강한 일격을 가해왔다. 그러나 이것은 제대로 된 공격은 아니었다. 공격에 참여한 전력은 'B' 전차 1개 대대와 H-39전차 몇 대가 전부였다. 게다가 공격이 거의 시작되자마자, 브로카드가 공격을 중지시켰다!

스톤을 방어하는 독일군의 전술적 핵심이 대전차포를 배치하는 속도와 그것을 사용하는 기술에 있었다는 점은 의심의 여지가 없다. 교전이 벌어지는 동안, 거의 10시간에 걸쳐 독일군 14대전차중대는 총 29명의 사상자를 냈고 차량 12대로 견인한 대전차포 12문 중 6문을 잃었다. 하지만 그들의 포술과 결의 덕분에 프랑스 전차를 33대나 파괴했다. 이 성과로 중대장인 베크-브로이히지터(Beck-Broichsitter) 중위와 힌델랑(Hindelang) 상사는 기사십자장을 받았다. 그날 저녁 양군은 모두 스톤에서 물러섰다. 하지만 다음 날 아침 독일군은 되돌아왔고 오직 '경미한 저항' 만을 받았다. 이후 그로스도이칠란트연대는 전선에서 물러나 29차량화사단과 교대했다. 이 사단은 구데리안의 기갑부대에 후속하는 14군단의 선두부대였다. 그로스도이칠란트연대는 심한 피해를 입어서 전사자 103명과 부상자 459명 및 실종자가 발생했다. 하지만 스톤의 전투에서는 결국 그들이 승리했다.

구데리안의 1기갑사단과 2기갑사단은 공격 방향을 전환하면서 적의 새로운 지휘관을 상대하게 되었다. 투숑(Touchon) 장군이 바로 그 인물로, 그의 '투숑 육군 파견부대'는 뒤에 6군으로 격상되었다. 여기에는 41군단과 53사단, 1개 기병단, 14사단이 포함되어 있었고, 나중에는 2기갑사단과 더불어 그랑샤르의 10군단 잔여 병력이 합류했다. 라트르 드 타지니(Lattre de Tassigny)의 지휘를 받는 14사단은 우수한 정규군 사단으로 로렌에서부터 이동해왔는데, 제시간에 도착한 것은 152연대뿐이었다. 이 연대와 마르(Marc)의 스파히여단이 구데리안의 공격을 저지하는 핵심 전력을 구성했다. 전에도 그랬던 것처럼, 가장 격렬한 전투는 발크 중령과 그의 보병들에게 떨어졌다. 하지만 그들은 거의 탈진할 정도로 지친 상태였다. 오로지 발크의 투지만이 그들을 전진하게 만들었고, 저녁때에는 결국 부벨르몽(Bouvellemont)을 점령했다. 라트르의 연대 중 15연대는 훌륭하게 싸워서 독일군 전차 약 20여 대를 파괴했다고 주장했지만, 보유했던 대전차포를 모두 파괴당했다. 라 호른(La Horgne)에서는 3스파히여단이 장교 19명을 잃었고, 부사관 및 병사 중에서도 사상자 비율이 대단히 높았다. 그 가운데서도 저항을 계속했지만, 18:00시경에 마르 대령이 포로로 잡히고 연대장 2명이 전사하면서, 여단은 결국 붕괴되었다. 이들은 엄청난 용기를 과시하며 전투에 임했지만, 1기갑사단의 병력을 막지는 못했다.

2기갑사단에게는 비교적 편안한 하루였다. 그들은 아무런 어려움 없이 53사단을 돌파했고 곧 몽코르네에서 라인하르트의 부대와 접촉하는 데 성공했다. 한편 프랑스 2기갑사단은 이동이 지연되다가 마침내 겨우 도착할 수 있었다. 그보다는 전차들은 기차로 이동해 이르송(Hirson)에서 하차했지만 도로로 이동한 종대는 생글리-라바이(Singly-l'Abbaye)에 있었다는 편이 더 정확한 표현이다. 이러는 동안 라인하르트의 전차들이 이들의 진형을 곧바로 뚫고 들어와 대부분의 대포를 파괴하고 전차들을 북쪽으로 몰아냈다. 반면에 2기갑사단의 모든 보급차량들은 엔강의 남안으로 쫓겨났다. 5월 16일 동이 틀 무렵, 프랑스의 기갑부대는 뿔뿔이 흩어져버렸고 결국 사단은 단 한 발의 사격도 없이 붕괴되었다.

5월 15일에, 조르주 장군은 코라프를 해임하고 지로에게 그 자리를 맡겼다. 다음 날 저녁 지로는 빌로트에게 별다른 희망이 없다는 메시지를 보냈다. 그리고 한밤중에는 독일군 전차가 몽코르네에 나타났다는 날벼락 같은 소식을 들었다. 불과 19킬로미터 밖에 적이 출현했다니! 정오 무렵에는 다스티에르 장군으로부터 전투기 병력 절반을 잃었으며 폭격기는 총 38대에 불과하다는 상황을 통보받았다. 프랑스 주둔 영국 공군은 블렌하임 폭격기 12대로 디낭 근처에서 롬멜의 종대를 공격하고 있었지만, 그 외에 다른 활동은 불가능했다. 페어리 배틀 폭격기의 주간 작전을 포기했기 때문이다. 이제까지 독일군의 공격이 시작된 이래로, 12개 허리케인 전투기 비행대대가 프랑스에 파견된 상태에서 레노 프랑스 수상은 처칠에게 추가로 10개 비행대대를 더 요청했다. 영국 내각은 이 문제를 긴급하게 논의했다. 공군 대장 다우딩(Dawding)은 격렬하게 반대했고 결국 그의 의견이 채택되었다. 하지만 그것은 다우딩이 추가로 허리케인 전투기를 프랑스에 파견하면 영국에는 허리케인 전투기가 남아 있지 않게 될 것이라는 사실을 증명하고 나서야 내려진 결정이었다. 그 동안 전방 기지를 방어하면서 전투기 10여 대를 잃었기 때문에, 공군 중장 바랫은 몇 개 부대를 프랑스 남부로 이동 배치하고 자신의 전방 지휘소를 쿨로미에르(Coulommiers)로 후퇴시켰다.

| 5월 16일 |

구데리안은 이제 갈기갈기 찢기고 부서진 스당 주변의 전장을 떠나 활짝 트인 평지로 나왔다. 그곳은 전쟁으로 인한 파괴의 흔적을 거의 찾아볼 수 없었다. 전쟁의 흔적이라면 독일군 전차를 피해 도주하는 피난민이 도로를 꽉 메우고 있다는 것이 전부였다. 3개 기갑사단이 몽코르네로 집결하는 중이었고

낙담하고 있는 벨기에 피난민. 그들은 벨기에에서 프랑스로 몰려들었다.

구데리안과 6기갑사단장 켐프가 전진로를 개척하면서 대열을 선도했다. 그날 저녁, 구데리안의 선두부대는 세르(Serre)강에 있는 마를르(Marle)와 데르시(Dercy)에 도달했는데, 이곳은 그들이 출발한 지점에서 64킬로미터나 떨어진 지점이었다. 켐프는 베르뱅(Vervins)을 점령하고 우아즈(Oise)강의 기즈(Guise)까지 밀어붙였다. 한편 8기갑사단은 3보병사단이 누종빌(Nouzonville)에 설치한 주교를 건너 쏟아져 나오고 있었다.

그보다 남쪽에서는 프랑스 2기갑사단이 어느 정도의 진용을 재정비하기 위해 분투했지만, 부대가 너무 광범위하게 흩어져 있다는 사실만을 확인했을 뿐이다. 그들이 할 수 있는 유일한 일은 엔강의 도하점을 '틀어막는' 소극적인 역할이 전부였다. 일부 전차는 독일군 지역에 고립되거나 고장이 난 채 단독으로 교전 중이었고, 그 과정에서 전차 승무원들은 놀라운 용기를 보여주었다. 하지만 이런 교전으로 독일군이 입은 피해는 경미했고, 프랑스 'B' 전차

3호 전차. 37밀리미터 전차포와 기관총 3정을 장비했다.

의 기계적 결함은 더욱 크게 부각되었다.

롬멜은 '마지노선 돌파'를 준비하면서 5월 16일 아침을 보냈다. 그는 프랑스 국경선 뒤에는 요새가 더 광범위하게 펼쳐져 있을 것이라고 짐작했다. 그러나 사실은 그렇지 않았다. 롬멜의 상대는 11군단의 잔여 병력이 배치되어 있는 벙커와 대전차 장애물이었다. 하지만 일부 벙커는 아직도 잠겨 있었다. 롬멜이 막 작전명령을 내리려고 할 때, 군사령관인 폰 클루게 장군이 사단본부를 방문했다. 그는 자신이 사령부에서 목격한 현황에 몹시 만족해하면서 롬멜의 작전을 전적으로 승인했다. 롬멜은 시브리(Sivry) 근처에서 국경을 통과할 작정이었다. 정찰대대는 광범위한 전선에서 활동을 해야 하고, 포병대는 시브리로 이동해야 한다. 그 다음 전차연대는 포병의 지원 아래 산개대형으로 요새선에 접근한다. 그 후 보병여단이 전차의 엄호 아래 전진하여 요새를 점령하고 장애물을 제거한다. 이 순간부터 아벤(Avesnes)을 향한 전진이

Sd Kfz 251 A형 장갑차. 1기갑사단 1보병연대 소속.
(브루스 컬버의 삽화)

본격적으로 시작되고 전차가 선두를 맡게 된다.

공격이 시작되었을 때, 롬멜은 선두 전차연대의 연대장 전차를 타고 있었다. 그들은 시브리를 출발해서 서서히 클레르파이(Clairfayts)로 접근했는데, 도로에 지뢰가 매설되어 있다는 사실을 확인하고 마을을 우회했다. “갑자기 약 100미터 전방에서 프랑스 요새의 모습이 우리 눈에 들어왔다.” 롬멜은 완전무장한 프랑스 병사가 마치 항복하고 있는 것처럼 보였지만, 뒤에 있던 독일 전차가 사격을 개시하자 갑자기 벙커로 뛰어들었다고 회고했다. 그런데 벙커 전면에 대전차호가 파여 있었고, 클레르파츠에서 아벤으로 이어지는 도로에는 강철 헤지호그(hedgehog)로 된 대전차장애물이 설치되어 있다는 것을 발견했다. 이 무렵 25전차연대의 나머지 부대는 클레르파츠의 남쪽을 공격했고 프랑스 포병은 시브리와 클레르파츠를 동시에 포격했다. 독일군 보병과 공병들은 전차와 포병의 지원사격하에 벙커 지대로 침투해 들어갔다. 롬멜의 맞은편에는 이미 전차 2대가 파괴당한 상태였는데, 그곳을 통해 1개 공병 돌격팀이 전진하는 데 성공했다. 그들은 벙커 안에 있는 방어 병력을 항복시키기 위해 6파운드 폭약을 안으로 투척했다. 어둠이 깔리자, 롬멜은 프랑스 방어선을 통과해 전진하라는 명령을 내렸고, 이때 그가 의도한 목표는 아벤이었다. "이제 서쪽으로 가는 길이 열렸다. 달이 떴으니 한동안은 그리 어둡지 않을 것이다. 나는 돌파작전계획을 성공시키기 위해서 선두전차가 도로 안팎에서 일정한 간격으로 기관총과 전차포를 쏘면서 아벤을 향해 돌격하도록 이미 명령을 내렸다. 그리고 이것을 통해 적의 지뢰 매설 작업을 막을 수 있기를 바랐다." 나머지 전차연대는 선두전차 뒤에 바짝 붙어 따라가면서 어느 순간, 어떤 방향으로도 사격할 수 있는 준비를 갖추고, 사단의 나머지 병력은 그 뒤를 뒤따르도록 명령했다.

사단 포병대가 선두부대보다 훨씬 더 전방에 있는 마을과 도로에 포격을 가했다. 이때부터 전진이 시작되었다. 부대는 잠시 일정한 전진 속도를 유지했다. 그러던 중 갑자기 도로 오른편에서 대포 하나가 사격을 가해왔다. 하지만 롬멜은 전차를 계속 앞으로 전진시켰고, 다른 전차들은 도로 양쪽에 엄호사격을 가했다. 곧 도로는 온갖 군용차량과 독일군을 피해 달아나려는 피난민들의 마차로 점점 더 혼잡해지기 시작했다. 사방이 혼란스러웠다. 롬멜의 종대도 속도가 점점 떨어져 곧 엉금엉금 기다시피하게 되었다.

아벤에 접근하자, 롬멜은 서쪽 고지대에 일단 정지했다. "이곳 또한 도로 옆 농장과 과수원마다 군인과 피난민의 마차로 꽉 메워져 있었다. 도로를 따라 서쪽으로 이동하는 모든 차량과 인원을 정지시키고 포로를 가려냈다. 곧 들판에 임시 포로수용소를 만들어야 했다." 그러다 아벤에서 요란한 사격 소리가 들렸다. 몇몇 프랑스 전차가 도로를 따라 접근하고 있었던 것이다. 하지만 독일군은 그들의 진로를 변경시킬 수 없었다. 교전은 약 04:00시부터 시작해서 일출 무렵까지 지속되었는데, 이때 롬멜이 파견한 4호 전차 1대가 남아있는 프랑스군 전차를 처리했다.

그 동안 롬멜은 랑드르시(Landrecies)를 향해 7모터사이클대대와 함께 전진을 계속했다. 몇몇 프랑스군 대열이 행군을 준비하고 있다가 롬멜의 종대를 만나자 경악했다. 어디에서도 저항은 없었고 프랑스군은 그저 무기를 내려놓고 포로가 되기 위해 동쪽으로 행군했다. 랑드르시에서 롬멜의 종대는 프랑스군으로 가득한 병영을 지나쳤다. 독일군은 장교를 1명 파견했고, 프랑스군은 대형을 갖춘 뒤 동쪽으로 가는 행군에 참여했다.

이때까지 롬멜은 무선으로 사단본부와 연락을 취하려고 계속 시도했지만 실패했다. 사단의 나머지 병력도 선두 종대를 바짝 뒤따라오고 있을 것이라고 믿으며 그들은 다시 르 카토(Le Cateau)를 향해 출발했다. 르 카토에서는 바로 동쪽에 있는 언덕에서 정지했다. 그는 전날 아침부터 그때까지 80킬로미터를 전진했다. 이틀간 그의 사단은 장교 1명과 부사관 및 사병 40명의 사상자를 냈다. 그리고 1만 명 이상의 포로를 잡고 전차 100대 이상을 파괴 혹은 노획했다. 프랑스 1기갑사단 전체 병력 중에서 오직 전차 3대만이 전장을 벗어날 수 있었다. 이런 재앙은 수많은 프랑스 부대를 덮쳤다. 18사단과 4북아프리카사단의 운명은 이미 앞에서 언급했고, 5차량화 사단이 아벤에서 운명을 다하고 있을 때, 2군단의 본부가 독일군의 공습으로 전멸되었다. 게다가 랑드르시에서 교량을 확보함으로써 무슨 일이 있어도 상브르-우아즈선만은 지키려 했던 조르주의 굳은 결심마저도 결국 무위로 돌아갔다.

| 5월 17일 |

5월 17일 이른 시각에, 구데리안은 기갑집단 사령부로부터 전문을 받았다. 그 전문에는 07:00시까지 비행장으로 나와 폰 클라이스트 장군을 만나고 모든 전진을 즉시 중단하라는 지시가 담겨 있었다. 그것은 단순한 일반적인 면담은 아니었다. 폰 클라이스트는 구데리안을 명령에 복종하지 않았다고 질책했다. 추측하건대, 폰 룬트슈테트 원수가 전날 내린 명령은 측면을 방어하는 보병이 뒤따를 수 있게 전차들에게 조치를 취하라는 내용이었던 것 같다. 구데리안이 사임을 표하자, 폰 클라이스트는 '순간 한 걸음 뒤로 물러나는 것' 처럼 보였다. 그러나 그는 구데리안에게 지휘권을 바이엘(Veiel)에게 인계하라고 지시했다. 경악한 구데리안은 폰 룬트슈테트에게 무전을 보내 비행기로 A

2대의 프랑스군 호치키스 전차가 숲을 빠져나오고 있다.

집단군 사령부를 방문해 상황을 설명하겠다고 알렸다. 거의 즉시 답장이 도착해 구데리안은 자신의 사령부에서 대기하며 분쟁을 조정하는 임무를 맡은 리스트 장군을 기다렸다. 그날 정오가 지나고 얼마 후에 리스트가 도착해 무슨 일이 벌어졌는지를 물었다. 폰 룬트슈테트의 명령에 따라 구데리안은 지휘권을 그대로 유지할 수 있었고, 기갑부대의 정지 명령은 육군최고사령부(OKH)에서 나왔기 때문에 반드시 준수해야만 했다. 폰 룬트슈테트의 주장에 따르면, 독일군의 남쪽 측면이 '무방비'로 노출된 상황을 심각하게 걱정하는 사람이 바로 히틀러였기 때문이다. 하지만 리스트는 폰 룬트슈테트를 설득해 군단 본부는 현 위치에 그대로 두면서 위력정찰을 수행할 수는 있다는 점에 동의하게 만들었다. 이것만으로도 구데리안은 원하는 바를 달성할 수 있었다. 이를 통해 그의 전차가 다시 전진할 수 있게 되었기 때문이다. 그가 할 수

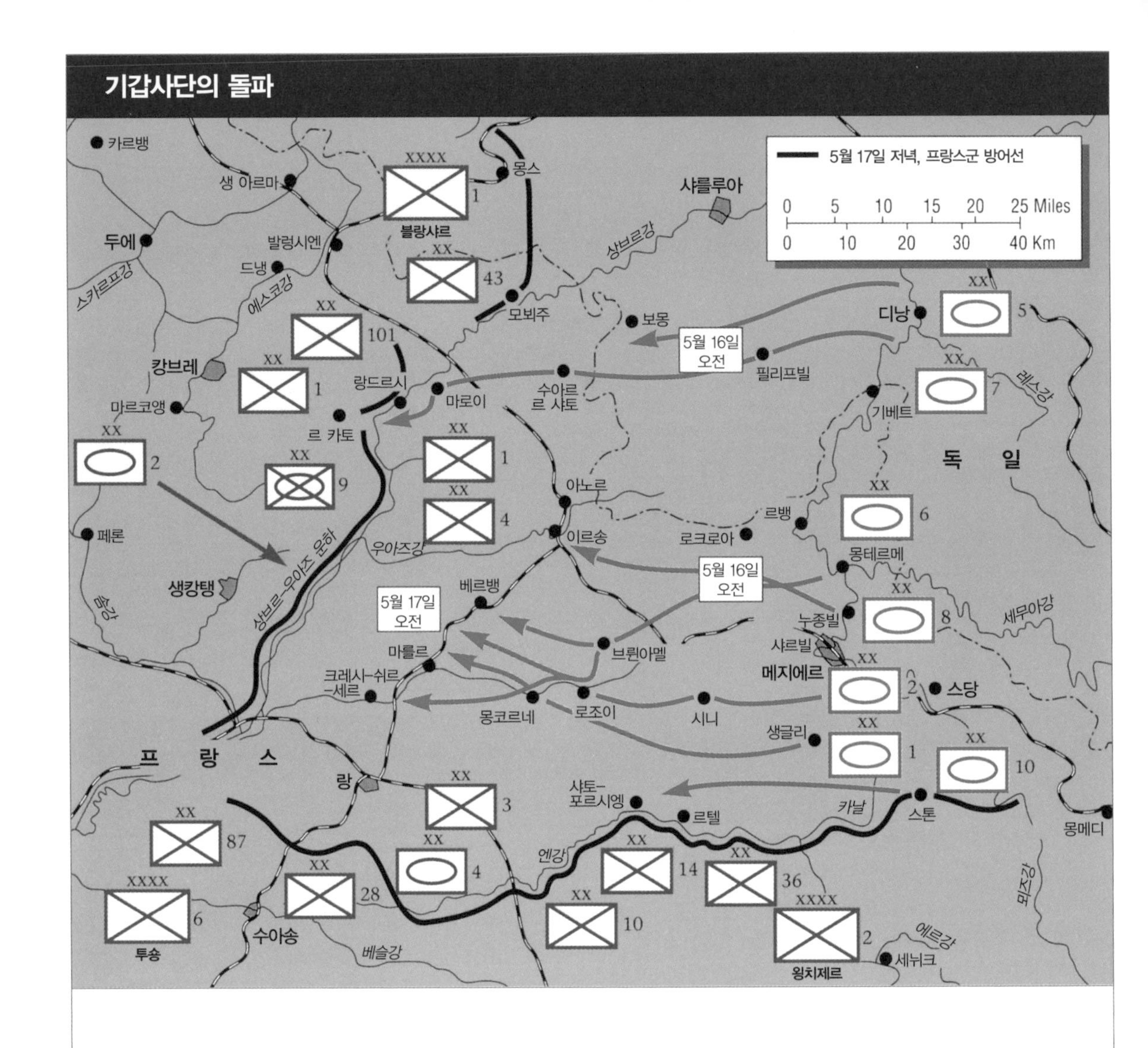

있는 일은 자신의 전선사령부와 유선통신망을 이용해서 자신의 명령이 무전기를 통해 흘러나가지 않도록 조치하는 것이 전부였다.

그날 저녁, '위력정찰' 부대가 이동을 시작했고, 오직 후위부대만 현 위치에 머물렀다. 이날 아침 전진을 중단하자, 기갑부대는 잠시 휴식을 취할 수 있었고, 고장 난 장비들을 정비할 수 있었다.

5월 17일에 조르주 장군은 독일군의 돌출부를 남과 북에서 동시에 공격하는 양면공격 명령을 내렸다. 하지만 남쪽에서만 4기갑사단이 공격을 개시했다. 4기갑사단은 사단장인 드골(de Gaulle) 대령(그는 5월 11일 사단장에 임명되었다)의 표현에 따르면 '존재하지 않는' 사단으로, 멀리 떨어진 각지에서 집결지로 이동하는 중이었다. 공격 이틀 전, 드골은 조르주에게 소환되어, 투숑 장군이 파리로 향하는 경로를 차단하기 위해 방어선을 구축하고 있는 중이며 4기갑사단이 그런 투숑을 위해 시간을 벌어줄 것이라고 말했다. 드골은 랑으로 출발해 거기서 사단 참모진의 기간요원들과 합류했다. 그는 먼저 정찰을 실시한 후 현재 사단이 보유한 모든 전력을 동원해 5월 17일 몽코르네에서 공격을 감행하기로 결심했다. 3개 전차대대가 집결을 완료했는데, 그 중 하나는 46 'B' 전차대대이고, 다른 하나는 르노 R-35경전차대대로 이들이 장비한 37밀리미터 전차포는 사거리가 너무 짧아 거의 무용지물에 가까웠다. 여기에 추가로 D2(16톤)보병전차 1개 중대가 있었는데, 그들은 강력한 47밀리미터 주포를 장비했다. 그리고 버스로 수송된 4사슈어 연대 소속 1개 대대가 포함되어 있었다. 하지만 적절한 대공화기가 전무했다.

5월 17일 동이 트자, 드골은 공격을 개시했다. 처음에는 모든 일이 순조로웠다. 독일의 정찰대 하나를 전멸시켰다. 2대의 장갑차가 파괴되고 또 다른 비장갑차량이 불길에 휩싸였다. 15:00시까지 드골의 전차들은 전투를 치르며 몽코르네로 전진했다. 이곳과 리슬레(Lislet)에서 전투가 계속되면서 전세는 점차 독일군 쪽으로 기울어졌다. 저녁이 되자, 프랑스 전차들은 방향을 돌렸다. 연료도 부족하고 보병의 지원도 없는 상황에서 그들이 더 이상 할 수 있는 일은 없었다. 드골은 자신의 공격을 스스로 이렇게 평가했다. "독일군은 수백 명의 시신과 불길에 휩싸인 트럭 여러 대를 전장에 그대로 내버려두었다. 우리는 포로 130명을 잡았고, 손실은 200명 이하에 불과했다." 하지만 앨리스테어 혼은 이 공격에 대해 이렇게 기록하고 있다. "이 공격은 영향력이 하루밖에 지속되지 않는 기갑부대의 습격 그 이상이었다고는 할 수 없다."

돌출부의 북쪽에 있는 다른 지역에서 역습하려는 조르주의 시도는 비참한 실패로 끝났다. 지난 24시간 동안 전진한 독일 기갑부대가 조르주가 역습에 사용할 물자를 비축해놓은 여러 곳을 함락하자, 결국 프랑스 부대는 모든 곳에서 방어태세로 돌아설 수밖에 없었다.

5월 17일 이른 아침, 롬멜은 전차연대 소속 전차 몇 대와 모터사이클연대의 일부만이 지난 밤 동안 자신의 뒤를 따라왔다는 사실을 알게 되었다. 사단의 나머지 부대도 그 뒤를 쫓아오고 있다고 생각하고, 그는 후속부대를 찾아 출발했다. 후방으로 차를 타고 가는 동안 계속해서 일단의 프랑스군과 마주쳤다. 그런데 그들은 마치 누군가에게 잡히기만을 기다리는 것처럼 보였다. 아벤 외각에서 프랑스 병력 호송 대열과 마주쳤는데, 그들은 도로 옆에서 갑자기 튀어나왔다. "우리가 소리치자 호송대열은 정지했고, 프랑스 장교 하나가 차에서 내려 항복했다." 롬멜은 먼지를 휘날리며 호송 대열을 이끌고 아벤으로 들어갔다. 그곳에는 7기갑사단의 잔여 병력들이 속속 도착하고 있었다.

라인하르트의 전선에서는 8기갑사단이 우아즈강 상류의 라 카펠(La Capelle)에 도착했고, 6기갑사단의 전차들은 정지 명령이 하달되기 전에 오리니(Origny)에서 교량을 확보했다. 또한 1기갑사단은 리베몽(Ribemont)과 크레시-쉬르-세르(Crécy-sur-Serre)를 점령했다. 한편 '위력정찰부대'는 조르주의 하천 방어선 너머로 교두보 몇 군데를 확보했다.

| 5월 16일과 17일의 전반적인 상황 |

5월 15일 저녁까지 프랑스 최고사령부는 독일군 전차들이 스당을 통해 전선을 돌파했다는 사실을 믿지 않았다. 그러다 같은 날 저녁, 가믈랭은 달라디에(Daladier)에게 전화를 걸어 남쪽에서 독일군이 진격해오고 있다는 소식을 알렸다. 거의 비슷한 시간에 조르주는 라 페르테에서 라인하르트의 전차들이 몽코르네에 도달했다는 소식을 들었다. 프랑스 고위 사령부 입장에서는 상황이 완전히 변해버렸다. 그들은 파리가 그 어느 때보다 직접적인 위협을 받고 있다고 생각했다. 5월 14일 17:45시에 레노 수상은 처칠에게 전화를 걸어 독일군이 "스당 남부의 요새선을 돌파했다"고 통보했다. 레노는 독일군 전차와 슈투카를 저지하기 위해 더 많은 전투기가 필요했다. 당연히 처칠은 더 많은 독일군 보병이 경기관총을 발사하고 있다.

전투기대대를 보내주었다. 다음 날인 5월 15일 이른 새벽, 레노는 아직 취침 중이던 처칠에게 전화를 걸어 이렇게 말했다. "우리는 패배했습니다. 우리는 패배했습니다. 우리는 전투에서 졌습니다." 처칠은 그를 진정시키고 파리로 가서 그를 만나기로 약속했다. 그리고 5월 16일 오후에 이스메이(Ismay) 장군과 딜(Dill)을 대동하고 파리로 갔다. 그가 출발하기 전부터 4개 추가 전투기 비행대대들이 영국을 떠나 프랑스로 출발하기 위해 대기하고 있었다. 프랑스 정부를 응원하기 위한 처칠의 여행은 별다른 효과를 거두지 못했다. 이 여행으로 이스메이와 딜은 앞으로 무슨 일이 벌어질지를 확실하게 파악했을 것이다. 일행이 귀국하는 순간 프랑스의 사기를 높이기 위한 활동과 본토 방어를 준비하는 활동이 동시에 진행되었다. 프랑스에 약속한 10개 비행대대에 관해

피난민들은 마차에 하나 가득 짐을 쌓아 올린 채 모든 도로를 메우며 이동했다.

서는 영국 남부지역에서 활동하게 하는 것으로 결정을 내렸다. 이 결정은 프랑스에게 더욱 처절한 실망감을 안겨주었다. 한편 가믈랭과 조르주는 여전히 독일군의 목표를 오판하고 있었다. 그것은 파리가 틀림없었다! 폰 룬트슈테트가 해안으로 돌진해 북쪽에 있는 연합군을 차단할지도 모른다는 생각은 진지하게 고려하지 않았다.

한편 레노는 당시 레반트에서 프랑스군을 지휘하고 있는 베강(Weygand) 장군에게 전보를 보냈다. 그는 즉시 파리로 출발했다. 그 전보는 이렇게 끝을 맺고 있었다. “귀하의 출발을 비밀에 붙여주셨으면 합니다.” 같은 날, 야간열차로 마드리드에 도착한 특별 사절이 페탱(Pétain) 원수를 소환했다.

또한 5월 17일은 독일군 보병연대들이 전차를 따라잡아 전진하는 전차의 측면을 보호하기 위해 이동하는 날이기도 했다. 며칠 동안 그들은 계속 행군했다. 더위와 먼지에도 불구하고 행군은 멈출 수 없었다. 자동차 수송수단은 거의 없거나 존재하지 않았고, 그들의 보급물자는 마차로 수송했다. 독일군 공병들 또한 철도를 수리하느라 정신이 없었다. 그들은 곧 디낭에 도달했다.

독일 공군 역시 자신들의 기지를 전방으로 이동시키고 있었다. 개구리가 뛰는 식으로 비행대대들이 순차적으로 전차들 뒤로 이동했다. 이때 만능인 Ju 52수송기가 중요한 역할을 수행했다. 그들은 비행장을 점령하는 즉시 탄약, 부품, 병력, 연료 등 필요한 모든 것들을 비행기에 실어 그곳으로 옮겼다. 이에 비해 연합군의 능력은 영국군 전진배치 타격부대가 자신의 전진기지로부터 후퇴하자 심각하게 감소했다. 프랑스 공군은 이제까지의 손실과 보급체계의 미비로 인해 절름발이 신세가 되었다. 예를 들어, 보급창고가 휴일과 일과시간 이후에는 문을 닫았고, 작전부대의 조종사들이 보충되는 비행기를 가져오기 위해서 후방으로 직접 찾아가야만 했다.

| 5월 18일~23일 |

5월 18일 동이 트자, 독일군 전차들이 다시 이동을 시작했다. 구데리안의 2기갑사단은 08:00시 생캉탱(St-Quentin)을 점령했고, 동시에 좌익인 1기갑사단은 정오에 솜강을 도하했다. 10기갑사단 역시 전진을 하면서 남쪽 측면에서 어떤 방해물든 접근해오는 것을 허락하지 않았다. 더 북쪽에서는 6기갑사단이 프랑스군 'B' 전차를 상대로 르 카텔레(le Catelet)에서 격렬한 전투를 벌였다. 하지만 결국 프랑스 2기갑사단의 마지막 부대는 패했고, 독일군은 인근에 있던 9군사령부를 점령했다. 롬멜은 자신의 부대가 연료와 탄약 보급을 기다리고 있던 랑드르시와 르 카토(le Cateau) 사이의 지점에서 벌어진 교전에 개입했다. 여기서도 그는 결국 정오 무렵에 승리를 거두었고, 계속해서 캉브레(Cambrai)로 진격했다. 이때 대동한 부대는 불과 몇 대의 전차와 대공포, 차량화 보병으로 구성된 혼성대대가 전부였다. 이 잡다한 병과로 구성된 부대는 넓게 산개해 마을을 향해 돌진하면서 엄청난 먼지구름을 일으켰고, 프랑스군은 이것을 거대한 전차집단의 공격으로 착각했다. 이들은 저녁 무렵에 마을을 점령했다. 캉브레 근처에 있는 비행장에서는 비행기 42대가 활주로에서 독일 공군의 사격으로 파괴되었다.

한편, 투송의 부대는 파리를 보호하기 위해서 엔강의 뒤쪽에 자리를 잡았다. 또한 새로 구성된 7군은 프레르(Frère)의 지휘 아래 암(Ham)과 라 페르(La Fère) 사이의 운하로 이동해 그곳에 진지를 구축했다. 독일군 전차와 바다 사이에 존재한 것은 보통 사단의 절반 정도 전력에 불과한 2개 영국 국방의용군 부대인 12사단과 23사단으로, 이들은 1달 전 통신선 방어 임무를 수행하기 위해 프랑스에 도착했다. 다음 날 지로 장군은 전진하는 독일군의 포로가 되었으며, 이로써 그의 사령부는 정확하게 3일하고 반나절 동안만 존속했다.

연합군은 모든 도로에서 피난민 때문에 저지당하고 있었다. 증원부대의 도착이 지연되었을 뿐만 아니라, 부상자들은 도로가 막히는 바람에 구급차 안에 갇힌 신세가 되었다. 전쟁 초기에 영국 원정군은 프랑스 북부의 공업지대로부터 거주자 80만 명을 소개시켰는데, 이제 그들 중 다수가 되돌아오고 있었다. 독일군 전차에 쫓겨오거나 혹은 길게 늘어선 기갑부대에 대한 소문에 겁을 먹었기 때문이다. "마치 거대한 파도와 같이 이 거대한 인간의 무리

독일군 모터사이클 정찰부대.

전체가 식량과 수면 부족에 시달리고 뼛속까지 공포에 질린 채 원래 자리로 되밀려오면서 기동성이 가장 중요한 시기에 모든 도로를 가로막았다."

구데리안의 진출선을 공격하기 위해, 드골은 5월 19일 크레시를 향해 북쪽으로 공격했다. 이 무렵 그의 기갑부대는 전차를 총 150대 보유하고 있었다. 그 중 30대는 'B' 전차이고 40대는 소뮈아 전차와 D2전차였다. 또한 보병 1개 대대와 75밀리미터 포병 1개 연대도 갖추고 있었다. 처음에는 드골이 상당한 진전을 보여서 4시간 만에 세르강에 도달했다. 하지만 이곳에는 구데리안의 지휘로 방어선이 구축되어 있었고, 크레시는 '대전차포의 요새이자 대규모 매복지'로 변해 있었다. 드골의 경전차들은 심하게 격퇴당했다. D2전차가 진입했지만 손해만 입었다. 보병이 참여하는 데 실패했기 때문에 조르주는 결국 공격을 취소했다. 진짜 심각한 문제는 다스티에르가 슈투카를 저지하는 데 실패했다는 것이었다. 공격 시간이 바뀌었는데도 아무도 그 사실을 다스티에르에게 알려주지 않았던 것이다.

5월 19일이 끝날 무렵, 9기갑사단을 제외한 히틀러의 모든 기갑부대가 해안으로부터 80킬로미터 지점에 정렬했고, 마지막 전진을 준비하고 있었다. 그날 고트 장군은 영국 육군성에 이제 영국 원정군의 철수를 고려해야 한다는 경고를 보냈다. 육군성과 해군성은 '다이나모(Dyanmo)'라는 암호명으로 철수작전의 가능성을 논의하기 시작했다.

그날 저녁 가믈랭은 베강으로 교체되었다. 이제 연합군은 에스코(Escaut)강 뒤에 자리를 잡았고, 좌익은 벨기에군이, 그 옆에는 영국 원정군이 있었고, 프랑스 1군은 우익을 형성했으며, 이들과 함께 1개 여단이 부족한 50사단(영국 원정군)이 아라스(Arras) 주변 비미(Vimy)를 방어했다.

5월 20일, 구데리안은 04:00시에 출발했다. 오전에 발크의 전차들이 56킬로미터 떨어진 아미앵(Amiens)에 도달했다. 이곳에서 그들은 로열 서섹스연대(Royal Sussex Regiment) 소속 부대원들을 만났고, 끝까지 싸워 이들을 전멸시켰다. 한편 2기갑사단은 아브빌(Abbeville)까지 진격하여 영국군 35여단의

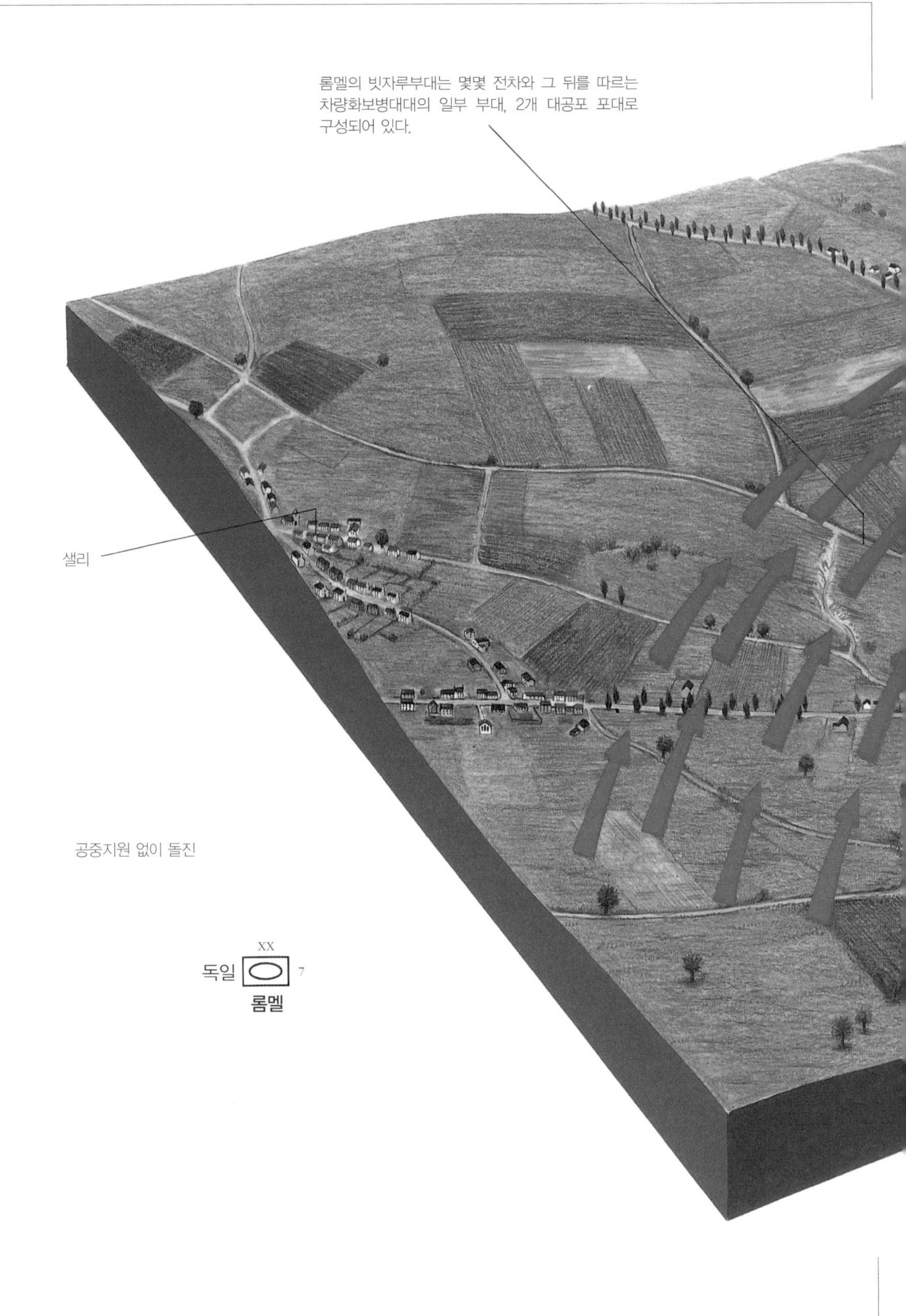
롬멜의 빗자루부대는 몇몇 전차와 그 뒤를 따르는
차량화보병대대의 일부 부대, 2개 대공포 포대로
구성되어 있다.
샐리
공중지원 없이 돌진
XX
독일
7
롬멜

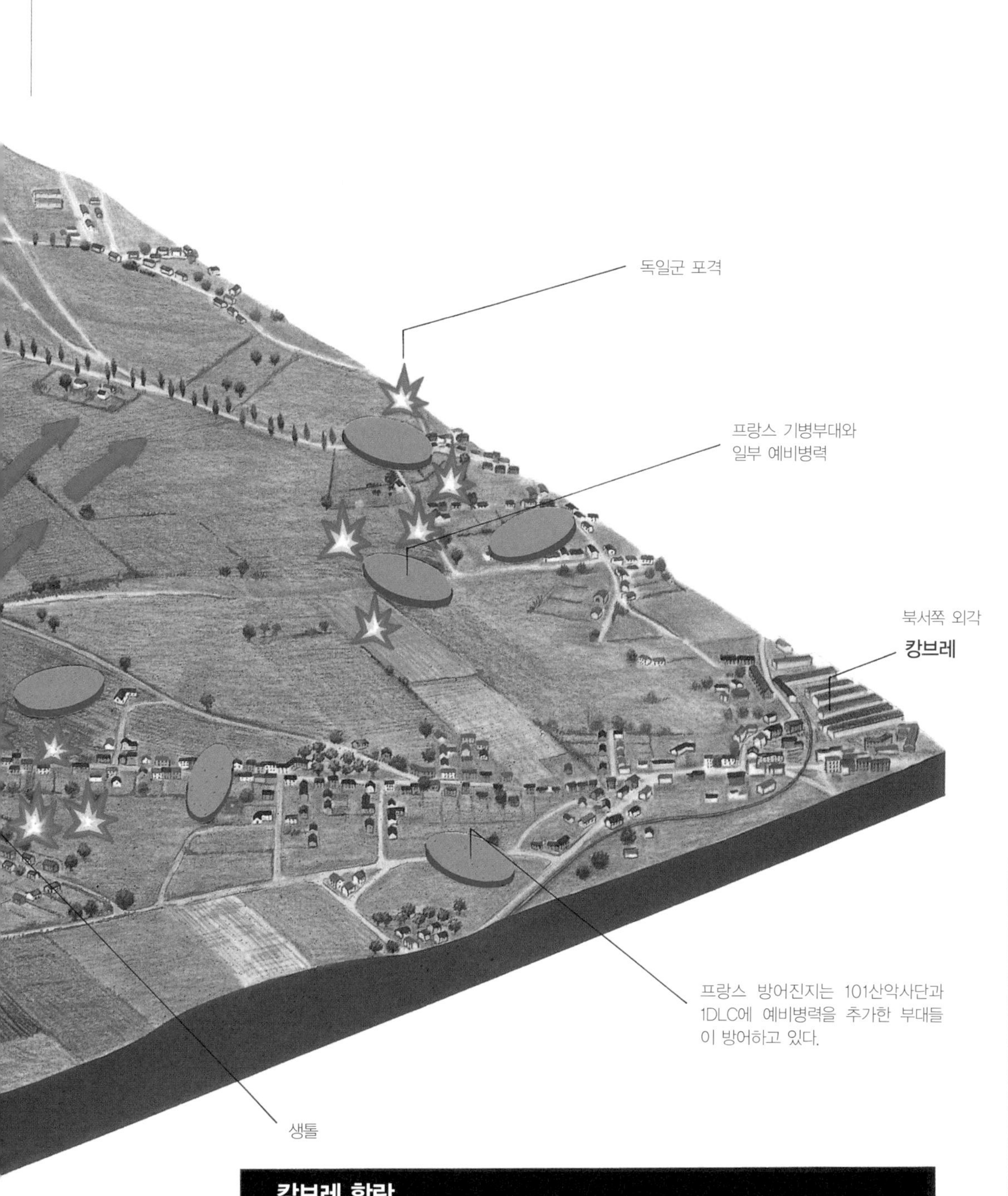

캉브레 함락

1940년 5월 18일, 롬멜의 계산된 위험.
그의 사단 차량들은 엄청난 먼지구름을 일으켜 적에게 거대한 전차부대의 공격이 시작된 것으로 착각하게 만들었다. 이로써 롬멜은 캉브레를 아무 저항 없이 함락할 수 있었다.

마을에 잠시 멈춘 독일군과 버려진 르노 전차.

잔여병력과 교전했으며, 영국군은 솜강 너머로 후퇴했다. 라인하르트의 사단은 처음으로 몽디쿠르트(Mondicourt)에서 영국군을 만났지만 이들을 물리쳤다. 그 뒤 둘랑(Doullens)에서는 수적으로 열세인 36여단과 조우했는데, 이 여단은 해가 질 때까지 진지를 고수했다. 20일이 저물 무렵, 영국 국방의용군 2개 사단은 가망성이 없는 전투를 치르다 결국 붕괴되었다. 롬멜에게 이날은 별로 무운이 따르지 않았다. 그는 아라스에서 영국군에 의해 저지당해 그곳에서 어쩔 수 없이 방어태세를 취해야 했다. 그럼에도 불구하고 20일은 구데리안에게 승리의 날이었다. 2기갑사단 소속 스피타(Spitta) 중령의 대대 일부가 거의 96킬로미터를 진격해 노엘(Noyelles) 부근의 해안에 도달했다. 이것은 주목할 만한 전공이었다.

전날, 아이언사이드 장군이 도착해 고트 장군에게 남쪽으로 이동해 프랑스군과 합류하라고 설득했지만, 고트는 거절했다. 에스코강에서 이미 9개 사단이 교전 중인데다가 벨기에군을 버릴 수 없었기 때문이었다. 그는 21일에

포로가 된 프랑스 병사들이 폭격을 당한 마을을 통과하고 있다.

아라스에서 제한적인 공격을 감행하려는 계획을 말했다. 고트로부터 8일 동안 빌로트에게서 아무런 소식도 듣지 못했다는 이야기를 듣고 아이언사이드는 빌로트의 사령부를 찾아갔다. 여기서 그는 블랑샤르와 함께 있는 빌로트를 발견했다. 두 사람 모두 완전히 절망감에 빠져 있었다. 아이언사이드는 이 상태에서 냉정을 유지할 수 없었다. 그는 두 프랑스 장군에게 2개 사단으로 영국군의 공세에 동참하라고 설득했다. 아이언사이드가 런던으로 돌아간 뒤, 고트 장군은 연락장교를 통해 빌로트와 블랑샤르에게 이렇게 경고했다. 만약 공격이 실패한다면, "……간격의 북쪽에 있는 프랑스와 영국군은 모두 측면이 노출될 것이고 그렇게 되면 우리의 현재 위치를 고수하지 못하게 될 것이다."

프랭클린(Franklyn) 소장의 지휘소에는 알트마이에르(Altmayer)의 5군단을 대표하는 연락장교가 없었다. 그날 저녁 늦게 통지서 1통이 도착했다. 블랑샤르는 이 통지서에 알트마이에르 장군이 "도로가 심각하게 정체되어 있어" 이틀 동안 이동할 수 없다. 하지만 피로(Piraux) 장군은 영국군이 공격하는 서쪽

G. le Q. 마르텔(Martel) 소장. 50사단 사단장으로 기갑전의 권위자로 인정받고 있다.

측면을 엄호할 것이라고 썼다. 하지만 피로의 문제도 심각했다. 그의 1경기갑사단은 대부분의 전차를 잃었고 보병사단으로부터 소속 전차를 빼올 수도 없었다. 한편 조르주는 다스티에르에게 공격 개시 시간과 같은 세부적인 정보는 알려주지도 않은 채 오로지 '강력한 지원'만을 요구했다. 따라서 공격은 2개 기동종대로 시작했다. 각 종대는 1개 전차대대와 1개 보병대대, 그리고 야포 1개 포대와 1개 대전차포대로 구성되어 있었다. 하지만 항공지원은 전혀 없었다. 영국군의 오른쪽 종대는 뒤장(Duisans)을 점령했지만, 마을을 방어하기 위해 2개 중대와 대전차포를 남겨두어야 했다. 공격종대는 강력한 저항을 뚫고 와를뤼(Warlus)까지 점령하고 왜리(Wailly)에서 친위대 차량화 보병사단인 '토텐코프(Totenkopf)'와 마주쳤다. 이곳에서 격렬한 전투가 벌어졌고, 그 결과 공격종대는 와를뤼로 퇴각했다.

영국의 왼쪽 종대는 상당한 진전을 보였다. 전차는 댕빌(Dainville)을 통과

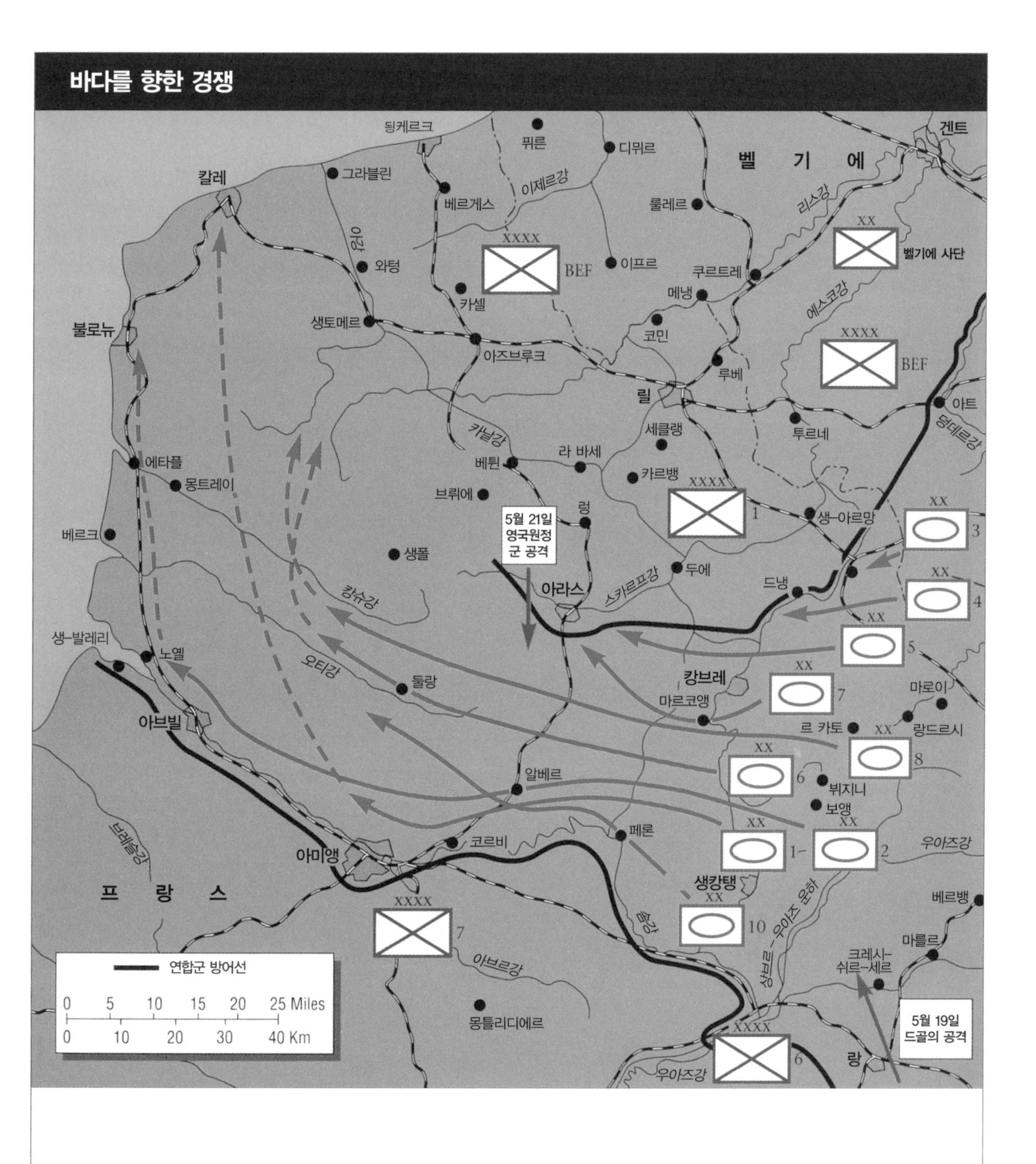
바다를 향한 경쟁
됭케르크
퓌른
디뮈르
벨 기 에
겐트
칼레
그라블린
베르게스
이제르강
룰레르
리스강
아아
와텅
XXXX
BEF
이프르
쿠르트레
XX
벨기에 사단
카셀
메냉
에스코강
불로뉴
생토메르
아즈브루크
코민
XXXX
BEF
루베
릴
아트
세클랭
투르네
덩데르강
카날강
라 바세
에타플
베튄
몽트레이
카르뱅
XXXX
1
브뤼에
XX
3
렁
생-아르망
베르크
5월 21일
영국원정
군 공격
생폴
두에
XX
4
스카르프강
드냉
캉슈강
아라스
XX
5
생-발레리
노엘
오티강
캉브레
XX
7
둘랑
마르코앵
마로이
아브빌
르 카토
XX
랑드르시
XX
8
XX
6
알베르
뷔지니
보앵
XX
XX
페론
코르비
1
2
우아즈강
아미앵
생캉탱
XX
베르뱅
프 랑 스
브레슬강
XXXX
7
10
솜강
마를르
연합군 방어선
아브르강
크레시-
쉬르-세르
상브르-우아즈 운하
0 5 10 15 20 25 Miles
0 10 20 30 40 Km
몽틀리디에르
XXXX
6
5월 19일
드골의 공격
우아즈강
랑

하면서 독일군의 차량화 종대를 물리치고 다수의 포로를 획득했다. 그 뒤에 마틸다 전차는 아쟁쿠르(Agincourt) 인근에서 대전차포대를 격파했다. 아니(Agny)와 보랭(Beaurains) 주위에서 영국군 중전차와 포병의 지원을 받은 롬멜의 6보병여단이 대단히 격렬한 전투를 벌였다. 하지만 영국군에게는 후속 부대가 없었다. 한동안 영국 50사단은 틸로이(Tilloy)를 향해 교란 공격을 감행했고, 또한 13여단은 훨씬 더 동쪽에 교두보를 확보하고 다음 날을 위한 준비에 들어갔다. 하지만 진지를 유지할 수 없는데다가 후방이 위협을 받는 상황이었기 때문에, 프랭클린은 공격을 중단했다. 그는 16킬로미터를 전진해 400명의 포로를 잡았다. 하지만 그는 커다란 손실을 입어 마크 1형 전차는 불과 26대만 남았고, 귀중한 마크 2형 전차도 2대나 잃었다.

이 교전에 대한 롬멜의 논평은 언급할 만한 가치가 있다. "우리가 재빨리 배치한 대전차포는 장갑이 두꺼운 영국군 전차에 영향을 미치기에는 구경이 너무 작다는 사실이 드러났다. 그 결과 대전차포는 사수들과 함께 적의 전차포에 의해 대부분 파괴되었고, 적의 전차에 압도당했다. 차량 여러 대도 불길에 휩싸였다. 근처에 있던 친위대부대도 남쪽으로 후퇴해 영국군 전차의 예봉을 피했다." 7기갑사단의 공식 사단사에는 그날 인원 손실을 378명으로 기록했는데, 이는 프랑스군 전선을 돌파할 때보다 네 배나 많은 손실이었다. 그날 저녁 롬멜은 아라스의 북서쪽을 공격했다. 짧고 격렬한 교전에서 영국군 중전차 7대를 추가로 파괴했다. 하지만 독일군은 그 어떤 전투에서 잃었던 것보다 많은 수의 전차를 잃었다. 하지만 영국군의 공격 실패는 고트 장군에게 영국 원정군이 됭케르크(Dunkerque)로 철수해야 한다는 확신을 심어주었다.

5월 21일 베강은 비행기를 타고 북쪽으로 날아와 빌로트와 고트, 벨기에 레오폴드 국왕을 만났다. 칼레 비행장에 내린 그는 벨기에 왕이 아직 이프르(Ypres)에 있다는 사실을 알았다. 결국 베강은 다시 이프르로 갔고 몇 시간의 무익한 시간을 들여 벨기에군을 이제르(Yser)로 철수시키라고 왕을 설득했다. 그렇게 되면 영국 원정군이 집중적으로 남쪽을 공격할 수가 있고, 이와 동시에 프랑스군이 솜강에서 북쪽으로 공격할 수가 있었다. 빌로트가 나중에 도착하여 프랑스 1군이 혼란 상태에 빠졌다는 사실을 알렸다. 베강은 19:00시까지 고트를 기다리다가 떠났다. 베강은 독일군의 폭격으로 비행기를 이용할 수 없어 배편으로 도버(Dover)와 셰르부르(Cherbourg)를 거쳐 5월 22일 10:00시에 파리로 돌아갈 수 있었다. 고트는 베강이 떠난 직후에 이프르에 도착했는데, 그는 회합이 있을 거란 전갈을 받지 못했던 것이다. 빌로트는 그에게 베강의 의도를 전했다. 하지만 고트는 5월 26일까지 공격을 위한 부대 배치 변경을 완료할 수 없다고 생각했다.

그날 저녁 블랑샤르를 만나러 가던 빌로트의 전용차가 미끄러지면서 피난민을 싣고 가던 트럭의 뒷부분에 부딪쳤다. 빌로트는 심한 부상을 입어 이틀 동안 혼수상태에 빠져 있다가 결국 사망했다. 이것은 연합군에게 가장 심각한 타격이었다. 무엇보다 베강의 계획을 알고 있는 유일한 인물이 바로 빌로트였던 것이다. 동시에 블랑샤르가 그의 자리를 이어받기까지 3일이 무익하게 지나갔다. 1군은 프리유가 맡았으나, 이 기간 동안 '베강 계획'에 대한 조율이 전혀 이루어지지 않았다.

5월 22일 새벽, 구데리안은 도버 해협의 항구들을 점령하기 위해 진격했다. 1기갑사단과 그로스도이칠란트연대는 칼레로 향했고 2기갑사단은 불로뉴(Boulogne)로 갔다. 그날 오후 불로뉴의 접근로에서 격렬한 전투가 벌어졌다. 하지만 양 사단 모두 그날 저녁이 되어서야 목표 지역의 외각에 도달했다. 야간에는 10기갑사단이 전진해 1기갑사단과 교대하고, 후자는 그 대신 됭케르크로 향한 뒤, 아(Aa) 운하에서 정지했다. 불로뉴에서는 아일랜드 근위연대와 웨일즈 근위연대가 5월 25일까지 버텼고, 니콜슨 준장은 5월 26일까지 칼레를 고수했다. 이는 훌륭하게 수행한 방어전으로, 영국군 보병여단은 10기갑사단을 묶어두고 한 발짝도 전진하지 못하게 막았다.

한편 알트마이에르는 단 하나의 보병연대인 121연대만으로 공격을 시작했고, 이들은 포병과 2개 기갑정찰대의 지원을 받았다. 공격은 두에(Douai)의

프랑스의 Ft18 경전차로, 독일군이 루앙에서 노획했다.

프랑스 피난민들이 서서히 귀가하고 있다. 도보로 이동하는 무리들 속에 비무장 프랑스 병사들의 모습이 선명하게 눈에 띈다.

남쪽에서 시작했고, 경전차들은 신속하게 캉브레 외각에 도달했다. 여기서 그들은 독일군 32보병사단에 강력한 공격을 가했지만 헨셸(Henschel) HS 123 폭격기의 폭격과 메서슈미트의 캐논포 공격을 당했고, 결국 이들은 130미터 근거리에서 사격하는 88밀리미터 대공포에 의해 저지당했다. 고트는 이 공격에 대해 아무런 언질도 못 받았을 뿐만 아니라, '베강 계획'에 대한 명령도 받지 못했다. 따라서 그는 영국의 전쟁성 장관에게 전보를 보내 영국, 프랑스, 벨기에 3개 군의 공조가 부족함을 지적하고 존 딜 경이 비행기로 날아와 현장에서 상황을 평가해 달라고 요청했다. 이든(Eden) 장관에게 무뚝뚝한 어투로 지적하기를, 자신은 두 번째 공격에 사용할 탄약이 부족하기 때문에 남쪽에서 구원군이 올라와야 한다고 말했다.

5월 23일 새벽, 고트는 프랭클린 부대를 후퇴시키고 야간을 이용해 영국군 5사단과 50사단은 약 24킬로미터를 물러서 아라스 북동쪽, 오트 될(Haute Deule) 운하 뒤로 이동시켰다. 고트가 스스로 내린 이 결정은 적절했다. 하지만 프랑스인에게는 깊은 실망감을 불러일으켰다. 이 결정은 그가 프랑스군은 이미 끝났다는 사실과 전쟁을 계속하기 위해 영국 원정군을 구하는 것이 자신의 의무라는 사실을 인정한 것이었다.

| 됭케르크 |

다음 날인 5월 24일, 극적인 결과를 초래한 사건이 발생했다. 구데리안과 라인하르트는 아 운하를 건너는 교두보를 확보하려고 노력하면서 됭케르크를 향해 나아가고 있었다. 그런데 독일군 좌익 전체에게 아 운하 전선에서 정지하라는 명령이 내려왔다. "됭케르크는 루프트바페(Luftwaffe: 독일 공군)의 손에 맡겨라." 명령의 요지는 이것이었고, 이미 확보된 교두보에서도 철수해야 했다. 이 명령은 괴링이 그 전날 히틀러에게 전화를 건 결과라는 데 대체로 의견이 일치하고 있었다.

그 다음 날 히틀러는 샤를빌(Charleville)에 있는 폰 룬트슈테트의 사령부를 방문했다. 폰 룬트슈테트는 솜강 남부에서 벌어질 전투에 대한 차기 작전을 위해 전차를 보전하고 싶어했고, 이에 따라 아 운하에서 기갑사단을 정지시켜야 한다는 합의에 도달했다. 이후 히틀러가 마음을 바꾸기까지 3일이 더 흘렀고, 이어서 기갑사단에게 됭케르크로 전진하라는 명령이 하달되었다. 하지만 바로 그때 됭케르크에서는 첫 번째 철수가 시작되고 있었다. 외각 방어선은 강화되었고, 영국에서는 소형 함정들이 집결하고 있었다. 5월 26일, 고트는 본국으로부터 지령을 받았다. "해안을 향하는 작전을 시작하라." 하지만 사람들 대부분은 그의 병력 대다수가 탈출에 성공하지 못할 것이라고 생각했다.

롬멜은 5기갑사단의 전차들까지 자신의 지휘 아래 두고 영국군이 방어하고 있는 베튄(Béthune) 동부에서 바세(Bassée) 운하를 건너기 위해 격렬한 전투를 벌였다. 5기갑사단은 아멍티에르(Amentières)를 점령하기 위해 전진한 반면, 롬멜은 보병사단과 연계하기 위해 동쪽으로 이동했다. 릴(Lille) 근처에서는 몰리니에(Molinié) 장군이 대단히 용감하게 교전하여 프랑스 1군의 소수 병력을 데리고 나흘을 더 버텼다. 덕분에 1군의 나머지 부대들은 됭케르크 인근으로 후퇴할 수 있었다. 구데리안은 5월 29일 그라블린(Gravelines)의 해안선에 도달했다. 그 다음 그의 군단과 7기갑사단은 프랑스 남부에서 벌어질 '레드' 작전(Operation 'Red')에 대비하기 위해 전선에서 교대했다.

5월 27일 오랫동안 고대했던 남쪽 프랑스군의 공격이 시작되었다. 그랑샤르 장군의 지휘 아래 7식민지보병사단과 4식민지보병사단이 소뮈아 전차 몇 대의 지원을 받으며 아미앵 방면을 공격했다. 그들은 도시가 육안으로 보이는 지점까지 진출했고 독일군에게 어느 정도 위협이 되기는 했지만, 결국 자신의 공격개시선으로 되몰렸다. 다음 날 드골은 자신의 세 번째 교전에 들어갔으며, 영국군 51(하이랜드)사단이 그를 지원했다. 드골은 아브빌 주위에서 독일군의 돌출부를 공격했다. 훗날 기록에서 드골은 독일군 500명을 포로로 잡았다고 주장했다. 하지만 둘째 날 공격은 저지당했고 원위치로 쫓겨났다.

영국 공군 해안사령부 소속 록히드 허드슨 폭격기가 됭케르크 인근에서 정찰비행을 실시하고 있다. 불타는 기름 탱크에서 눈을 자극하는 매서운 연기가 치솟고 있다.

독일군의 교두보는 건재했고, 전차 회랑도 절단되지 않았다. 그날 아침 벨기에군의 항복이 알려졌다. 그것이 불가피했음을 알고 있었으면서도 프랑스 전역에서는 그 소식에 분노했다.

한편 됭케르크에서는 철수작전이 시작되었다. 5월 27일에는 불과 7,669명의 병력만이 출발할 수 있었지만, 다음 날 영국 해군은 엄청난 수의 소형 선박들을 추가로 동원했다. 그 수는 1만 7,804척이나 되었다. 5월 29일, 프랑스 전함들이 도착했고, 4만 7,310명이 철수했다. 5월 31일에는 최고조에 달해서

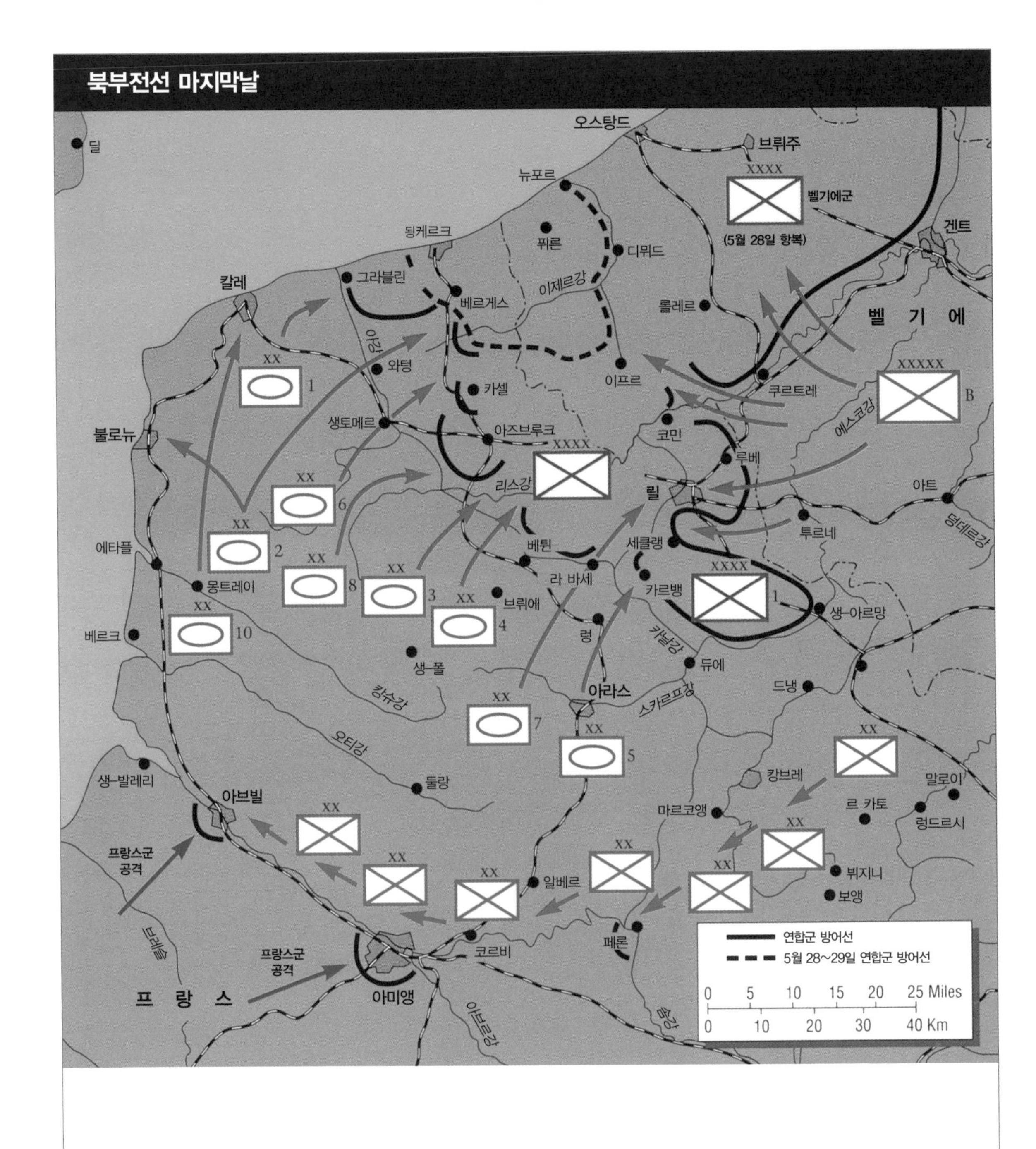
북부전선 마지막날
딜
오스탕드
브뤼주
XXXX
벨기에군
(5월 28일 항복)
뉴포르
됭케르크
퓌른
디뮈드
겐트
칼레
그라블린
베르게스
이제르강
롤레르
벨 기 에
아강
와텅
카셀
이프르
쿠르트레
XXXXX
B
생토메르
아즈브루크
코민
에스코강
불로뉴
XXXX
루베
리스강
아트
릴
투르네
덩데르강
에타플
세클랭
베퇸
라 바세
XXXX
카르뱅
몽트레이
브뤼에
생-아르망
베르크
렁
카날강
듀에
생-폴
드냉
캉슈강
아라스
스카르프강
오티강
캉브레
생-발레리
둘랑
말로이
아브빌
마르코앵
르 카토
렁드르시
프랑스군 공격
알베르
뷔지니
보앵
페론
코르비
브레슬
프랑스군 공격
프 랑 스
아미앵
아브르강
솜강
연합군 방어선
5월 28~29일 연합군 방어선
0 5 10 15 20 25 Miles
0 10 20 30 40 Km

6만 8,014명이 됭케르크를 떠났다. 5월 29일까지 프랑스군을 철수시키라는 명령이 없었는데도, 이날 처칠은 프랑스군에게도 영국군과 같은 비율로 선박을 할당하라고 지시했다. 6월 3일에는 마지막 영국군이 철수했는데, 이때 독일군은 불과 2.4킬로미터 뒤에 있었다. 6월 4일 동이 틀 무렵, 프랑스군으로 가득한 마지막 선박이 출항했다. 하지만 프랑스군 약 3만 명이 뒤에 남아야 했다. 그럼에도 불구하고 최종적으로 철수에 성공한 33만 7,000명 중 11만 명이 프랑스군이었다. 영국 구축함 6척과 프랑스 구축함 2척을 비롯해 다수의 소형 선박이 동원되었다. 철수에 성공할 수 있었던 이유는 주로 영국 공군의 지원과 기상의 변화 때문이었다. 철수작전 기간 중 적어도 절반 정도는 이런 기상 변화가 괴링이 약속한 독일 공군의 '마지막 마무리'에 심각한 영향을 미쳤다. 기상 상태가 좋은 날에도 이미 많은 손실로 인해 약체화된 독일 공군은 도버 해협에서 가까운 기지로부터 출격하는 영국 공군의 모든 전력을 감당해야 했다. 철수 기간 동안 영국 공군의 전투기들은 2,739소티를 출격했고 하루 4회 출격을 기록한 조종사도 많았다. 프랑스군에게 됭케르크에서의 철수는 일종의 패배이자, 연합군의 도주극이었다. 하지만 영국에서는 이것을 커다란 승리로 봤다. 앨리스테어 혼은 이렇게 기록했다. "전반적인 전쟁 전략이라는 측면에서 보았을 때, 됭케르크에서의 가장 모욕적인 패전으로 가장 큰 고통을 당한 자는 바로 히틀러 자신이었다."

전투 결과

사상자 통계를 보면 무슨 일이 벌어졌는지 어느 정도 감을 잡을 수 있을 것이다. 이 수치는 앨리스테어 혼의 『전투에는 지더라도(To lose a battle)』에서 참조했다. 그는 프랑스의 손실이 과소평가되었다는 사실을 분명히 밝혔다. 독일군 사상자는 15만 6,492명(전사 2만 7,074명, 부상 11만 1,034명, 실종 1만 8,384명)이었다. 프랑스의 사상자 추정치는 219만 명(전사 9만 명, 부상 20만 명, 실종 및 포로 190만 명)에 달했다. 연합군에 속한 다른 나라의 피해는 이에 비해 경미했다. 영국은 6만 8,111명, 벨기에는 2만 3,350명, 네덜란드는 9,779명이었다. 프랑스와 정전이 이루어진 뒤, 독일이 점진적으로 프랑스 남성들을 노예노동으로 '착취' 했다는 사실도 고려해야 패전으로 인한 프랑스의 진정한 손실 규모를 제대로 파악할 수 있다. 또한 히틀러가 자신의 무결성에 대한 신념을 더욱 확고히 다지게 되었다고 이야기해도 그리 틀린 말은 아니다. 그렇다면 그 이후 도대체 히틀러는 무엇을 잘못한 것일까?

히틀러의 가장 큰 실수는 눈부신 '낫질' 작전과는 아무런 관계가 없다. 그의 실수는 그저 프랑스의 패배 이후에 대한 계획이 없었다는 데 있다. 사실 낫을 서쪽으로 휘둘러 북쪽에 있는 연합군을 포위한 것도 그가 아니었다. 구데리안이 돌파를 실현하고 상대를 세 방향에서 압박했을 때, 그것을 결정한 사람은 바로 구데리안 자신이었기 때문이다. 거기다 전차들이 해안에 도달하고 영국 원정군이 됭케르크를 향해 후퇴하기 시작했을 때, 히틀러는 전차들을 정지시키고 괴링이 독일 공군으로 '마지막 마무리'를 하게 함으로써 고트에게 영국 원정군 대부분을 무사히 영국으로 철수시킬 수 있는 시간을 주었다. 프랑스의 패배에 이어 바로 영국을 침공할 계획을 준비해두지 않았기 때문에, 하루가 지날 때마다 기회는 사라져갔고, 다시는 독일에 그런 기회가 주어지지 않았다. 영국이 전쟁을 지속하는 한, 유럽에 대한 독일의 철권통치로부터 자유를 회복하기 위해 결국 미국이 영국에 합류하여 참전하게 된 것은 불가피하지 않았을까?

휴전협정이 조인되기 전, No. 505 요새의 방탄문은 1940년 독일 71사단이 파괴했다. 이 요새는 마지노선에서 주방어선의 일부를 형성했다.

철수가 남긴 가슴 아픈 장면. 불타는 트럭들이 그 사실을 극명하게 보여주고 있다. 영국 원정군은 그들의 중장비를 스스로 파괴해야만 했다.

됭케르크에서 사로잡힌 프랑스와 영국군 포로. 독일군이 촬영한 사진이다.

〈위〉 히틀러가 1940년 6월 22일 휴전협정 조인 직전 기쁨을 표현하고 있다.

〈아래〉 1940년 6월 14일 콩코드 궁전 앞에서 행진 중인 독일군.

휴전협정 직후의 모습. 독일 3호 전차가 1940년 7월 12일 엔 강변에 있는 파괴된 마을을 통과하고 있다. 프랑스는 6월 22일 휴전협정에 응할 수밖에 없었다.

독일의 '낫질' 작전은 눈부신 성공을 거두었다. 이 작전으로 프랑스는 불과 며칠 만에 굴욕적인 패배를 맛보았다. 하지만 독일은 히틀러의 선견지명 부족으로 장기전에 빠져들었고 결국 패배를 맞게 되었다.

:: 연 표

1935년	히틀러는 독일 공군의 창설을 선언했다. 하지만 이때 이미 그들은 1,000대의 일선 항공기를 보유하고 있었다.
1936년	히틀러는 단거리 및 중거리 폭격기의 생산을 늘렸다.
1937년	독일 육군은 39개 사단을 보유하게 되었다.
1938년 3월	독일, 오스트리아 합병(안슐루스 Anschluss).
10월	수데텐란트(Sudetenland) 재점령.
1939년 1월	독일 육군이 51개 사단으로 증강되었다.
3월	체코슬로바키아 침공.
5월	독일, 이탈리아와 강철협정 체결.
8월	독소불가침조약 체결.
9월 1일	독일의 폴란드 침공.
9월 3일	영국과 프랑스가 독일에 대해 전쟁을 선포했다. 독일은 사단을 총동원해 100개 이상의 사단을 일선에 투입했다.
1940년 1월 10일	네덜란드와 벨기에 침공 계획서를 소지한 전령이 벨기에 영토에서 체포되었다.
2월	독일군의 '낫질' 작전계획의 윤곽이 드러났다. 주공은 폰 룬트슈테트(7개 기갑사단을 포함한 45개 사단)에게 주어졌다. 그는 디낭과 스당 전선에서 아르덴 숲을 통과해 공격했고, 북쪽에서는 폰 보크(3개 기갑사단을 포함한 29개 사단)가 연합군을 유인하여 고착시켰다. 폰 레프(19개 사단)은 남쪽 마지노선 정면에서 프랑스군의 증원군을 파견하지 못하게 저지했다.
3월	가믈랭은 딜-브레다 계획을 채택해 연합군의 좌익을 강화했다.
4월 9일	독일군이 노르웨이를 침공했다.
5월 9일	영국에서는 체임벌린(Chamberlain)이 수상직을 사임했다. 독일군 제5열이 국경을 건너 중요 도로 교차점을 확보할 준비를 했다. 히틀러는 이날 밤 프랑스 침공을 개시하라는 명령을 하달했다.
5월 10일	특수 훈련을 받은 병력이 글라이더를 이용해 벨기에의 에뱅 에마엘 요새 위에 착륙했다. 새벽부터 독일군의 진격이 시작되었고 낙하산부대가 마스강 어귀의 교량을 공격했다. 독일 공군은 프랑스 후방 깊은 곳까지 공격을 감행했다. 영국 원정군과 프랑스 기병들이 딜 전선으로 이동했다. 프랑스 기병이 중앙에서 전진했다. 연합군 공군은 '병력 집결지 회피' 명령으로 인

해 활동이 제한되었고, 영국에서는 처칠이 수상에 취임했다.

5월 11일 중앙에서 구데리안은 세무아강에 도달하여 야간에 도하했다. 북쪽에서는 프리유의 기병군단이 새로운 진지로 향하면서 어려움을 겪었다. 조르주는 증원군을 스당 배후로 이동시키기 위한 계획을 수립했지만, 이미 늦은 상태였다. 한편 네덜란드 공군은 사실상 무력화되었다.

5월 12일 북부에서는 독일군이 조이데르해에 도달했고, 프랑스는 안트베르펜을 방어하기 위해 후퇴했다. 벨기에군도 퇴각했다. 중앙에서는 롬멜이 밤이 되기 전 우에 도달해 뫼즈강을 도하했다. 다스티에르는 디낭과 부용 사이에서 전진하고 있는 독일군에게 주의를 기울였다. 구데리안은 스당에서 뫼즈강의 동안에 도달했다.

5월 13일 롬멜은 우에 대해 압박을 더 가해 디낭에서 뫼즈강을 도하했다. 부쉐는 프랑스군의 역습을 명령하나, 그것은 실패로 끝났다. 스당 지역에 대한 슈투카의 지원은 프랑스군을 공포에 질리게 만들었다. 그로스도이칠란트연대는 글레르 인근에서 도하하여 라 마르페 고지에 도달했다. 10기갑사단의 전투공병들도 결국 와들랭쿠르에서 도하에 성공했다. 공황과 잘못된 보고가 난무했고, 프랑스 병력과 피난민은 남쪽을 향해 쏟아져 나갔다.

5월 14일 발크 중령은 1보병연대와 함께 쉐에리에 도달했다. 라인하르트의 군단은 이틀 동안 지연되긴 했지만 몽테르메에서 부분적인 도하에 성공했다. 네덜란드에서는 프리유의 기병이 독일군 전차에 대항해 진지를 고수하다가 심각한 피해를 입은 후 야간에 후퇴했다. 조르주는 마침내 독일이 스당을 돌파하는 데 성공했다는 사실을 인정했다. 롬멜은 옹아예에 도달했다. 독일군 보병사단은 세 차례의 시도 끝에 누종빌에서 도하에 성공했다. 뷜송 인근에서 프랑스군은 역습에 실패했다. 구데리안은 서쪽으로 선회하면서 10기갑사단과 그로스도이칠란트연대를 남겨둠으로써 측면을 보호했다. 프랑스 3기갑사단의 공격은 연기되었다. 윙치제르와 코라프는 정세를 잘못 판단해 독일군이 진격할 수 있는 길을 열어주었다. 스당 상공에서 격렬한 공중전이 전개되었고, 영국 공군은 커다란 손실을 입었다. 휴전협상이 진행되는 동안 로테르담이 공습을 당했다. 이에 네덜란드는 항복했다.

5월 15일 롬멜은 필리프빌을 향해 계속 전진한다. 몽테르메에서 6기갑사단은 강력한 전력을 도하시키는 데 성공했다. 스톤에서는 격렬한 전투가 벌어졌으나, 결국 그로스도이칠란트연대가 방어하는 데 성공했다. 1기갑사단과 2기갑사단이 투숑의 부대를 돌파하는 데 성공한다. 코라프가 해임되자, 지로가 그 뒤를 이었다.

5월 16일 구데리안의 전차들은 하루에 64킬로미터를 진격했다. 프랑스 2기갑사단은 여전히 분산되어 있었다. 롬멜은 11군단의 잔여병력을 돌파하고 르 카토로 향했다.

5월 17일	최고사령부의 명령에 따라 구데리안은 진격을 중단했다. 하지만 결국 '위력정찰'을 허가받았다. 드골의 4기갑사단이 역습을 감행하여, 몽코르네에 도달했지만 결국 야간에 후퇴했다.
5월 18일	전차부대에게 다시 전진하라는 명령이 떨어졌다. 롬멜은 한 줌의 병력으로 캉브레를 점령한다. 피난민 때문에 모든 도로가 정체상태에 빠졌다.
5월 19일	드골은 전차와 보병을 동원해 크레시를 공격하나 실패했다. 다스티에르는 슈투카를 막지 못했다. 베강이 가믈랭을 대체했다. 독일군 전차들은 해안에서 80킬로미터 떨어진 선상에서 최종 진격을 준비했다.
5월 20일	로열 서섹스 연대가 아미앵에서 끝까지 저항했고, 독일군은 영국군의 2개 국방의용군사단을 분쇄했다. 2기갑사단의 일부가 노엘 인근에서 해안선에 도달했다. 아이언사이드는 프랑스를 설득해 5월 21일 아미앵을 향한 영국군의 공격에 합류시키려고 했다.
5월 21일	프랑스는 공격에 가담할 병력을 차출하여 항공지원하는 데 실패했다. 2개 종대의 영국군 전차와 보병은 아라스 남쪽에서 격렬한 전투를 벌이나 결국 후퇴하고 말았다.
5월 22일	독일 기갑사단들이 도버 해협 연안의 항구를 향해 전진했다. 프랑스군(알트마이에르)의 공격은 처음에는 성공하나 결국 저지당하고 말았다. 고트는 공격명령을 받지 못했다.
5월 23일	고트는 영국 원정군을 구하기 위한 결단을 내렸다.
5월 24일	레노는 영국군 후퇴에 대한 불만을 처칠에게 표시했다. 히틀러는 기갑사단에게 아 운하에 정지하라고 명령했다. 이로 인해 영국군은 귀중한 시간을 벌게 되었다.
5월 26일	독일군 전차가 다시 됭케르크를 향해 전진을 시작했다.
5월 27일	영국군의 철수가 시작되었다.
5월 28일	벨기에가 항복했다.
5월 29일	프랑스군도 철수에 합류했다.
6월 4일	영국군과 프랑스군이 철수를 끝냈다.
6월 5일~22일	해안에서부터 뫼즈강에 이르는 전선에서 독일군은 완전편제된 104개 사단으로 프랑스를 공격했다. 프랑스 전력으로는 이제 병력 60개 사단에 항공지원을 하는 것도 어려웠다. 비록 프랑스가 대단한 용기를 발휘하며 저항했지만, 독일은 6월 14일 파리를 함락하고 6월 22일 휴전협정이 조인되는 시점에는 보르도에서 스위스 국경에 이르는 선까지 도달했다.

| 참고 문헌 |

Gamelin, General M. *Servir: Les Armées Françaises de 1940.* 3vols, Paris 1946.

Goutard, Colonel A. *The Battle of France, 1940*, London, 1958.

Guderian, General H. *Mit den Panzern in Ost und West*, Stuttgart, 1942.

Guderian, General H. *Panzer Leader*, London, 1952.

Horne, A. *To Lose a Battle, France 1940*, London, 1969. This comprehensive account also contains an extensive bibliography and clear maps.

Jacobsen, H. A. *Decisive Battles of World War II: The German View*, London, 1965.

Rommel, Field Marshal E.(ed. B. H. Liddell Hart). *The Rolmmel Papers*, London, 1951.

USAF. *German Air Force Operations in Support of the Army.* USAF, 1962.

Westphal, General S. *The Germany Army in the West*, Lodon, 1951.

지은이 앨런 셰퍼드(Allan Shepperd)
영국 막달렌 칼리지 부속 고등학교를 거쳐 샌드허스트 육군사관학교를 졸업했다. 제2차 세계대전 중 영국 육군에서 복무했고, 여러 해에 걸쳐 샌드허스트 육군사관학교의 선임교관을 지냈다.

옮긴이 김홍래
한양대학교에서 금속공학 석사학위를 받았다. 해군 중위로 전역했고, 현재 번역가로 활동하고 있다. 옮긴 책으로는 톰 클랜시 원작 『베어 & 드래곤』과 『레인보우 식스』를 비롯해 『나는 하루를 살아도 사자로 살고 싶다』, 『로마 전쟁』, 『퍼시픽』, 『니미츠』, 『첩보의 기술』, 『2차 대전 독일의 비밀무기』, 『맥아더』 등이 있다.

감수 한국국방안보포럼(KODEF)
21세기 국방정론을 발전시키며 국가안보에 대한 미래 전략적 대안들을 제시하기 위해, 군 · 정치 · 학계 · 언론 · 법조 · 경제 · 문화 · 매니아 집단이 모여 만든 사단법인이다. 온-오프 라인을 통해 국방정책을 논의하고, 국방정책에 관한 조사 · 연구 · 자문 · 지원 활동을 하고 있으며, 국방 관련 단체 및 기관과 공조하여 국방교육 자료를 개발하고 안보의식을 고양하는 사업을 하고 있다.
http://www.kodef.net

KODEF 안보총서 93

프랑스 1940

제2차 세계대전 최초의 대규모 전격전

개정판 1쇄 인쇄 2017년 10월 16일
개정판 1쇄 발행 2017년 10월 20일

지은이 | 앨런 셰퍼드
옮긴이 | 김홍래
펴낸이 | 김세영
펴낸곳 | 도서출판 플래닛미디어

주소 | 04035 서울시 마포구 월드컵로8길 40-9 3층
전화 | 02-3143-3366
팩스 | 02-3143-3360
등록 | 2005년 9월 12일 제 313-2005-000197호
이메일 | webmaster@planetmedia.co.kr

ISBN 979-11-87822-09-7 03390